중고생을 위한 생명과학 전공 및 진로선택 가이드북

생명과학으로의 초대

The Invitation to the Biological Science

이진성 지음

BIOSCIENCE (주)바이오사이언스출판

이 도서의 국립중앙도서관 출판예정도서목록(CIP)은 서지정보유통지원시스템 홈페이지(http://seoji.nl.go.kr)와 국가자료공동목록시스템(http://www.nl.go.kr/kolisnet)에서 이용하실 수 있습니다.
(CIP제어번호 : CIP2017029310)

–중고생을 위한 생명과학 전공 및 진로선택 가이드북–

생명과학으로의 초대

인 쇄: 2017년 11월 1일
발 행: 2017년 11월 10일
저 자: 이진성
발행인: 문정구
발행처: (주)바이오사이언스출판
본 사: 14040 경기도 안양시 동안구 전파로 107(호계동)
서울 사무소: 06569 서울특별시 서초구 도구로 115, 1층(방배동)
전 화: (02)581-4057~8
팩 스: (02)581-4059
이메일: inquiry@biosciencepub.com
홈페이지: http://www.biobooks.co.kr
ISBN: 978-89-6824-074-4 93470
등록번호: 제22-3079호
값 7,000원

BIOSCIENCE (주)바이오사이언스출판

서문

생명과학은 우리가 살아가는데 필수적인 그리고 없어서는 안 되는 분야이자 산업이다. 그래서 그런지 '바이오'라고 통칭되는 생명과학을 신성장 동력산업 또는 차세대 먹거리산업이라 말하기도 한다. 요즘은 바이오기술을 4차 산업 혁명시대의 핵심원천 기술 중의 하나라고 말하기까지 한다. 그 이유는 아무래도 질병치료, 신약개발, 진단과 검사, 기능성식품, 기능성화장품 등등에 핵심이론과 기술을 제공하기 때문일 것이다.

우리 중, 고등학생들은 생명과학을 얼마나 이해하고 있을까? 그리고 이 분야에 대한 직업과 직무의 이해도는 어느 정도나 될까? 아마도 대답하기 쉽지 않을 것이다. 왜냐하면 생명과학은 연구 그리고 연구원이라는 단편적인 직무와 직업만으로 이해하고 있기 때문이다.

이 책은 중, 고등학생 수준에서 기초과학으로서의 생명과학과 응용과학으로서의 생명공학의 원리와 이론적 바탕을 제공하는 동시에 저자가 소속되어 있는 경기대학교 생명과학과를 예를 들어 생명과학 전공과목에 대해 소개하였다. 또한, 자신의 성격을 간단히 살펴본 후, 생명과학과 관련된 전공을 하게 될 경우, 어떤 직업과 직무를 통해 자아실현이 가능한 지를 이해 위주로 집필하였다. 또한, 말미 부분에는 중고등학생들의 전공 호기심을 위해서 현대 생명공학의 주요 이슈와 최신기술 그리고 바이오산업에서의 학력별 직업과 직무 등을 간단히 소개하였다.

본 서는 국내에서 처음으로 시도되는 중고등학생 대상의 '생명과학 전공 및 진로 가이드북'이라 하겠다. 최초이고 처음이기에 좋은 것도 있지만 그 만큼 부족하고 보완할 것도 많을 것이다. 앞으로 이 책이 더욱 더 충실해 질수 있도록 다듬고 또 다듬어서 명실상부한 중고등학생이 쉽게 이해할 수 있는 '생명과학전공 입문서'가 되도록 노력하겠다.

끝으로, 본서의 출판을 흔쾌히 허락해 주신 도서출판 바이오사이언스의 문정구 대표님께 감사의 말씀을 드린다.

2017년 9월 15일
수지 성복동에서
저자 **이진성** 드림

차 례

서문 / 3

01 생명과학이란? / 11

1–1. 생명과학의 발전 과정 / 12

1–2. 생명과학의 기초 개념 / 16

02 생명과학과에서 무엇을 배울까? / 25

- 분자생물학 / 25
- 미생물학 / 36
- 신경생물학 / 36
- 진화생물학 / 38
- 생물분류학 / 39
- 생태학 / 40
- 세포생물학 / 41
- 생물정보학 / 45
- 유전학(분자유전학) / 48
- 면역학 / 51
- 해양생물학 / 52
- 고생물학 / 53
- 생화학 / 55
- 유전공학 / 56

■ 생명공학 / 60

03 생명과학과에 대해서 알아보기 / 63

3–1. 생명과학과 소개 / 63

3–2. 교육 목표 / 64

3–3. 생명과학과에서 배우는 전공과목 / 65

3–4. 교육과정 / 65

3–5. 진로 / 67

3–6. 졸업생 진로분야 / 67

04 나에 대해 알아보기 / 69

05 생명과학 전공관련 진출분야와 직업 / 73

5–1. 생명과학과(생물학과) / 74

5–2. 수산관련학과 / 74

5–3. 산림, 원예학과 / 74

5–4. 농업학과 / 75

5–5. 수의학과 / 75

5–6. 애완동물학과 / 75

5–7. 식품가공(영양)학과 / 76

5–8. 환경(공)학과 / 76

5–9. 의학과 / 76

5–10. 치의학과 / 77

5–11. 치위생학과 / 77

5–12. 보건관리학과 / 77

5–13. 임상병리학과 / 77

5–14. 한의학과 / 78

5–15. 약학과 / 78

06 직무란 무엇인가? / 79

6–1. 경영지원직 / 80

6–2. 영업/유통직 / 82

6–3. 제조/생산직 / 83

6–4. 연구개발/품질관리/안전관리직 / 83

6–5. IT/전산직 / 84

6–6. 서비스직 / 85

6–7. 전문직 / 86

07 생명공학의 이해 / 89

7–1. 생명공학의 정의 / 90

■ 생명공학의 역사 / 92
■ 생명공학: 다양한 과학 분야가 집적된 통합학문 / 99
■ 현대 생명공학의 산물들 / 102
■ 윤리와 생명공학 / 105

7-2. 생명공학의 다양한 분야 / 106
■ 미생물 생명공학 / 106
■ 농업생명공학 / 107
■ 동물 생명공학 / 108
■ 법의학 생명공학 / 110
■ 생물환경정화 / 112
■ 수산생명공학 / 113
■ 의학생명공학 / 115
■ 관리생명공학 / 117
■ 생명공학이라는 '커다란 그림' / 118

7-3. 21세기의 생물학적 도전들 / 119
■ 신기원의 생명공학 시대는 어떻게 전개될 것인가? / 119
■ 인간유전체계획의 결과를 어떻게 활용할까? / 121

7-4. 생명공학을 이끄는 전문인력 / 132
■ 생명공학사업 / 133
■ 생명공학회사의 조직 및 연합 / 135
■ 생명공학분야에서 직종 / 139
■ 생명공학분야에서 임금 / 146
■ 생명공학산업체의 채용추세 / 148

참고도서 / 150

찾아보기 / 151

저자 이진성

대전 유성에서 태어났다. 경기대학교 생물학과를 졸업하고, 성균관대학교에서 유전공학 전공으로 석사와 박사학위를 취득했으며, 지금은 성균관대학교 기술경영전문대학원에서 또 하나의 박사학위를 준비하고 있다.

현재 경기대학교 이공대학 생명과학과 교수로 재직중이다. 코아바이오시스템㈜ 중앙연구소장, ㈜바이오닉스 상무이사, ㈜나래바이오테크 CTO, ㈜마이크로인사이트 대표이사, 한국학술진흥재단 CS경영자문위원, 농촌진흥청 중앙농업산학협동심의회 전문위원, 한국기술거래사회 부회장, 국제보완대체의학회 편집위원장을 역임하였고, 2012년부터는 중소벤처기업부의 바이오헬스케어분야에 대한 중소기업 기술로드맵 구축에 전문가위원으로, 2014년부터는 한국과학창의재단의 과학기술 진로컨설턴트로 활동하고 있다.

주요 연구분야는 메타게놈 정보를 이용한 산업용 효소개발, 유전체 정보를 활용한 병원성 세균의 신속진단 기술개발 및 우리나라 바이오벤처기업의 기술경영과 혁신전략 및 기업가정신이다.

01
생명과학이란?

생물학(biology)은 생물을 연구 대상으로 하는 자연과학이다. 생물학은 생물의 구조, 기능, 생장, 기원, 진화, 서식, 분류 등을 탐구한다. 현대 생물학은 카를 프리드리히 부르다흐, 고트프리드 라인홀트 트레비라누스, 장바티스트 라마르크와 같은 학자들에 의해 독립적인 학문으로서 자리잡았다.

그림 1.1 진화 대 창조

생물학은 많은 하위 학문을 포괄하는 광대한 주제를 다루는 학문이다. 이 가운데 현대 생물학의 주요한 핵심 연구 분야는 세포 이론, 진화, 유전자, 에너지, 항상성 등을 들 수 있다. 생물학의 하위분야는 연구의 방법과 목적에 따라 나뉠 수 있는데, 예를 들어 생물에서 일어나는 화학적 현상을 연구하는 생화학, 분자 수준에서 일어나는 생명 현상을 탐구하는 분자생물학, 세포에서 일어나는 생명 현상을 다루는 세포생물학, 기관이나 조직을 연구대상으로 삼는 생리학, 환경에서 다양한 생물 개체들이 맺는 생물 대 환경 관계를 탐구하는 생태학 등이 있다.

생명과학에서는 생물의 특성과 분류에 따른 학명을 명명하는데 동물은 동물 학명 국제 코드에 따르며, 식물과 균류는 각각 식물 학명 국제 코드와 균류 학명 국제 코드를 따른다. 이외에 바이러스, 바이로이드, 프리온과 같은 바이러스성 유기체는 바이러스 분류 및 명명 국제 코드를 따르고 있다. 하지만 아직까지 분류되지 않은 많은 바이러스 종들이 존재한다.

1-1. 생명과학의 발전 과정

비록 오늘날의 생물학과는 다른 형태라 할지라도 생물에 대한 연구는 고대에서부터 있어왔다. 메소포타미아, 고대 이집트, 고대 인도, 고대 중국과 같은 주요 고대문명에서는 일찍부터 자연철학이 발달하여 있었다. 이 가운데 현대 생물학의 연구 방법에 가장 많은 영향을 준 것은 고대 그리스였다. 히포크라테스는 의학의 일부로서 생물에 대한 연구를 진행하였고, 아리스토텔레스는 생물에 관한 다양한 기록을 남겼다. 특히 아리스토텔레스가 저술한 ≪동물의 역사≫와 그 밖의 저술에서 우리는 아리스토텔레스가 많은 생물들을 연구하였음을 확인할 수 있다.

아리스토텔레스의 뒤를 이어 아테네 학파를 계승한 테오프라스토스는 식물과 관련된 저술을 남겼으며 그의 책은 중세에 이르기까지 식물학에 지대한 영향을 끼쳤다. 이후 생물학은 중세 이슬람 의학자들에 의해 큰 발전을 이루었다. 아프리카계 아랍인 알자히즈(781~869년)가 동물학에 대한 저서를 남겼고, 쿠르드족이었던 알디나와리(828~896년)가 식물학 저서를 남겼으며, 페르시아의 알라지는 해부학과 생리학에 업적을 남겼다. 이들은 그리스의 철학에 바탕을 둔 생물학 이론을 발전시켰다. 특히 의학은 그리스 학자들의 전통을 충실히 계승하여 발전시켰다. 예를 들면 중세 이슬람 의학자들은 아리스토텔레스의 생각을 받아들여 생명 사이의 위계 질서를 당연히 여겼다.

근대에 이르러 안톤 판 레벤후크가 발명한 현미경을 통해서 생물학은 큰 발전을 할 수 있었다. 생물학자들은 현미경을 사용하여 그 동안 볼 수 없었던 정자, 세균, 원생동물과 같은 작은 생물체를 관찰하게 되었다. 네덜란드의 얀 스왐메르담은 곤충을 연구하면서 미세 표본의 제작, 표본 염색법 등 오늘날 사용되는 현미경 관찰 기술들을 도입하였다. 현미경의 도입은 생물에 대한 생각 자체를 바꾸는 계기가 되었다.

그림 1.2 코르크의 세포를 관찰

19세기초 생물학자들은 현미경의 발달과 더불어 세포 자체에 대해 관심을 기울이기 시작하였다. 1838년과 1839년, 슐라이덴과 슈반은 1) 세포가 생물의 기초 단위이며 2) 독립된 세포 역시 생물이 갖는 모든 특징을 갖고 있고 3) 모든 세포는 다른 세포의 분열을 통해 만들어진다는 학설, 즉 세포설을 발표하였다. 이후 1860년대에 이르기까지 라마르크와 피르호의 연구에 힘입어 대부분의 생물학자들이 이러한 세포설을 인정하게 되었다.

한편, 분류학 역시 큰 전환점을 맞게 되었는데 여기에는 린네의 공이 컸다. 린네는 1735년 기본적인 생물분류표를 작성하여 출간하였고, 1750년대에 자신의 만든 생물분류표에 있는 모든 생물 종에 생물학적 이름인 학명을 부여하였다. 또한, 뷔퐁은 분류학에 공통조상의 개

그림 1.3 린네

념을 도입하여 생물종이 하나의 공통조상에서 서로 분화하여 진화하였다는 학설을 제시하는 등 진화이론의 선구자였으며, 그의 연구와 업적은 라마르크와 다윈에게 많은 영향을 끼쳤다.

그림 1.4 다윈

본격적인 진화이론을 최초로 제시한 학자는 라마르크이다. 그 후 다윈이 현대 진화이론을 성립하였다. 다윈은 훔볼트, 라이엘 등의 지질학 업적과 자신의 발견을 종합하여 자연선택에 따른 진화이론을 정립하였다. 한편 같은 시기의 생물학자 윌리스 역시 독자적인 연구를 통해 자연선택에 따른 진화이론을 수립하였다.

19세기말 멘델은 유전의 법칙을 정리하여 유전학의 기초를 쌓았다. 그의 이론은 한동안 외면되었으나 20세기에 모간 등이 독자적인 실험을 수행하여 재발견되어 생물학자들의 인정을 받게 되었다. 이후, 1940년대에서 1950년대에 이르는 동안 집단유전학의 발달은 진화이론을 실험실 수준에서 관찰하는 성과를 이루게 되었다. 1953년 DNA가 발견된 이후 현대 생물학은 급속도로 발전하게 되었다. 1990년대에 이르러 생물학은 인간의 유전체 지도를 작성하기 시작하였고 2003년 마침내 완성하였다.

1-2. 생명과학의 기초 개념

현대 생물학의 기초를 이루는 개념은 세포 이론, 에너지, 항상성, 유전학, 진화 및 발생의 여섯 가지로 요약, 정리할 수 있다.

1-2-1 세포 이론

세포 이론에서는 세포를 생명의 기본 단위로 파악한다. 모

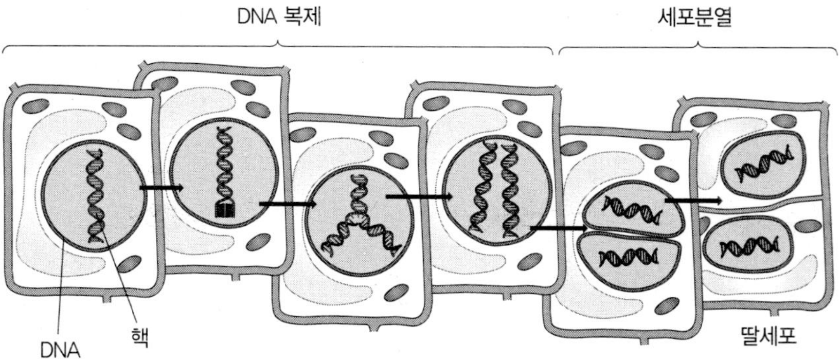

그림 1.5 DNA 복제와 세포분열

든 세포는 세포 분열을 통해 다른 세포(모세포)에서 분리되어 나와 형성된다. 다세포 생물의 경우, 몸을 이루는 모든 세포는 단 하나의 세포로 이루어진 수정란(알)에서 출발한다. 세포는 생물의 물질대사가 일어나는 기본 단위이기도 하다. 모든 세포에는 그 생물의 완전한 DNA(genome, 유전체)가 들어있으며 이 DNA는 세포 분열과 함께 새로 형성된 세포로 전달(유전)된다.

1-2-2 에너지

생물은 살아가면서 끊임없이 에너지를 소비한다. 화학 반응에 의해 이루어지는 생체 내의 에너지 교환을 통해 생물은 몸의 구조와 기능을 유지하고 생장한다. 대부분의 생물은 태양에서 비롯된 에너지로 생명 활동을 한다. 태양에서 시작되어 먹이그물의 최종 소비자에게 전달되는 에너지의 흐름을 영양 단계라 한다.

식물은 광합성을 통해 태양에너지를 화학에너지로 전환한다. 이 화학에너지는 최종적으로 ATP 형태로 저장된다. ATP는 에너지가 필요한 곳에서 ADP와 인산으로 분리되면서 세포내에 필요한 에너지로 제공된다. 산소나 빛이 희박한 환경에서 서식하는 일부 생물은 메탄이나 황산염과 같은 물질을 활용하여 화학에너지, 즉 ATP를 만들어 자신이 필요한 에너지로 사용한다. 획득된 에너지는 생명의 유지와 생장 등에 사용되며, 사용되지 않은 에너지는 잉여 분자로 남게 되거나 열

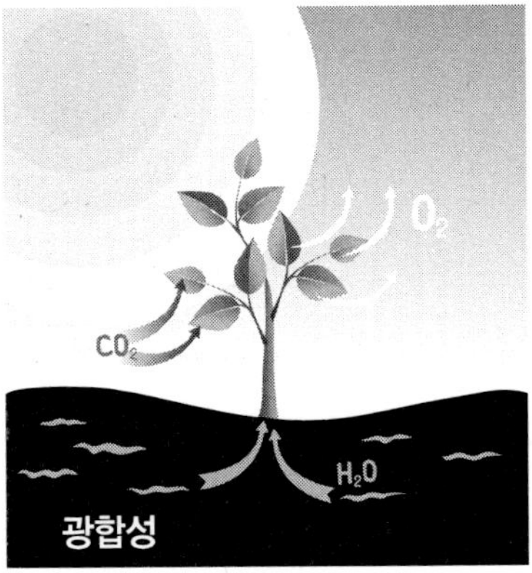

그림 1.6 광합성

로 방출된다. 생체 내에서 일어나는 이러한 에너지 생산과 소비를 물질대사라 하고, 특히 세포 내에서의 에너지 소비는 세포 호흡이라 한다.

1-2-3 **항상성**

항상성은 열린계가 자연환경에서 안정적인 상태를 유지할 수 있는 능력이다. 열린계가 항상성을 유지하기 위해서는 여러 조절 기전을 통해 다중의 동적 평형 상태를 유지하여야 한다. 모든 생물은 그것이 단세포 생물이든 다세포 생물이든 항상성을 유지한다.

생물은 항상성을 유지하는 열린계로서, 동적 평형을 유지하고 갖고 있는 기능을 효율적으로 발휘하기 위해 변동하는 환경을 감지하고 이에 알맞은 대응을 하여야 한다. 이러한 감지와 대응을 위해 대부분의 생물은 음성 피드백 기전(negative feedback)을 사용한다. 즉, 생물은 환경의 변화에 따라 물질대사나 행동을 조절한다. 인간의 경우를 예로 들면 혈당이 낮아지면 글루카곤(glucagon) 분비량을 높여 혈당량을 조절하고 반대로 혈당이 높아지면 인슐린(insulin)의 양을 증가시켜 혈액 속의 포도당을 낮춘다.

1-2-4 유전

부모에서 자식으로 유전되는 생물학적 특징을 유전형질이라 한다. 모든 생물의 유전형질은 유전자(gene) 단위로 유전된다. 유전자는 염색체(chromosome)를 이루는 DNA 사슬의 일정 구간을 이루는 염기 서열이다.

세균에서부터 동물에 이르기까지 모든 생물의 유전형질은 같은 방식으로 전달된다. 세포핵에 있는 DNA는 코돈(codon)이라 불리는 연속된 3개의 염기서열에 따라 어떤 단백질을 형성할 것인지를 지정한다. RNA에 의해 전사되어 나온 DNA의 코돈은 리보솜(ribosome)으로 전달되며 리보솜은 이 코돈을 번역하여 단백질을 생성한다. 생물의 종류와 관계없이 같은 염기서열을 갖는 DNA는 같은 단백질을 만들게 된다. 예를 들어 사람의 인슐린을 만드는 DNA는 다른 생물에 이식되어 배양되어도 같은 인슐린을 만들게 된다.

진핵생물의 경우 생체를 형성하고 효소와 같은 단백질을 만드는 데 필요한 정보가 들어있는 DNA는 세포핵에 있는 염색체에 있다. DNA 사슬은 마치 실패에 감긴 실처럼 히스톤(histone)이라고 하는 특수한 단백질에 감겨 염색체를 이룬다.

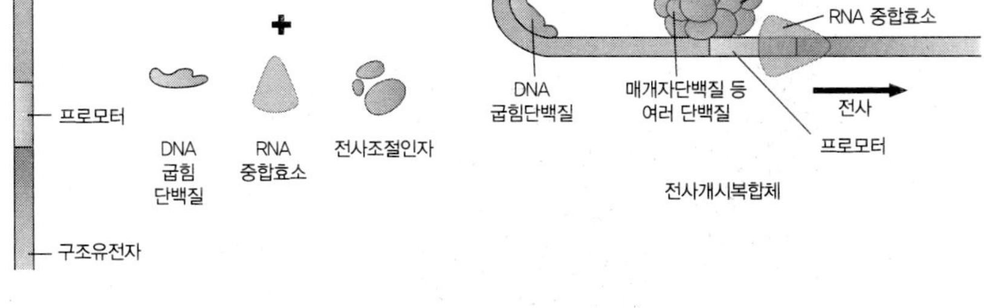

그림 1.7 전사개시복합체의 형성

한편 세포소기관 가운데 미토콘드리아(mitochondria), 엽록소(chloroplast)와 같은 것들은 세포핵과는 다른 고유한 DNA 갖고 있다.

1-2-5 진화

생물학의 핵심적인 개념 가운데 한 가지는 생물이 진화를 통해 변화해 왔다는 것이다. 현대의 진화이론에서는 지구의 모든 생물이 하나의 공통조상에서 분화되어 오늘날과 같은 생물 다양성을 이루게 되었다고 설명한다.

진화가 일어나는 근본적인 원인은 생물의 종이나 집단 안에 대립하는 유전형질이 다양하게 존재하는 유전자 다양성

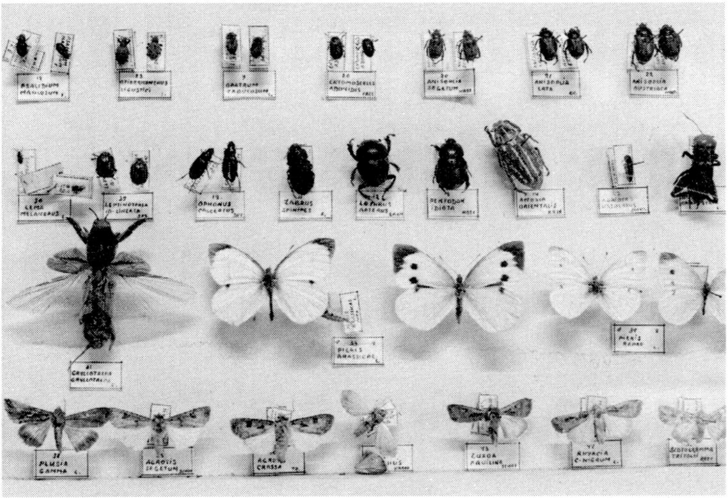

그림 1.8 생물 표본

때문이다. 생물의 유전형질은 세대에서 세대로 이어지면서 유전자 부동, 자연선택과 같은 외부의 작용에 의해 변화하게 된다. 그 결과, 생물 집단은 환경에 적응하기에 유리한 형질은 유전되고, 그렇지 않은 형질은 사라지는 변화를 겪게 된다. 이것이 진화의 과정이다. 현재에는 진화의 과정이 직접 관찰되기도 함으로써, 진화는 관찰가능한 자연현상의 하나로서, 집단유전학등을 통해 연구되고 있다.

그림 1.9 다양성

1-2-6 **발생**

발생은 동물의 정자와 난자가 수정된 후 배(embryo)를 형성하고 생장하여 새로운 개체가 되는 과정이다. 발생의 과정은 초기 발생과 후기 발생으로 나뉘는데, 최초의 난할에서 배엽이 형성되는 때 까지를 초기 발생이라 하고, 기관이 형성되는 때 부터 새로운 개체가 되는 때 까지를 후기 발생이라 한다.

- 초기 발생: 수정된 수정란은 난할 과정을 통해 포배기와 낭배기의 배아가 된다. 낭배기에 이르면 외배엽과 내배엽이 구분되어 세포 분화가 결정된다.
- 후기 발생: 외배엽이나 내배엽에서 중배엽이 분화한 후 배아는 신경관, 소화강, 체절과 같이 특별한 기능을 갖는 기관을 형성하기 시작한다.

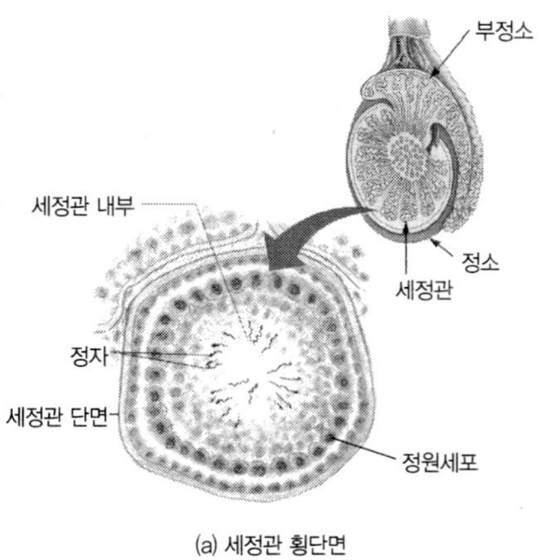

(a) 세정관 횡단면

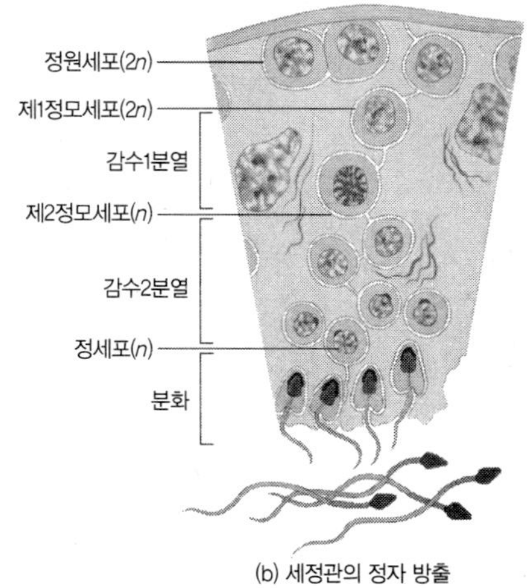

(b) 세정관의 정자 방출

그림 1.10 정자형성

기관과 형태의 형성이 완료되면 부화하거나 출산하여 새로운 개체가 된다. 어린 개체는 생장과정을 통해 성체가 되며 곤충과 같은 생물은 생장과정에서 유충과 성충의 모습이 다른 변태의 과정을 거친다. 곤충의 이러한 변태는 또 다시 완전변태와 불완전변태로 나눠진다.

02

생명과학과에서 무엇을 배울까?

생명과학과 혹은 이와 관련된 학과에서는 일반적으로 다음과 같은 과목들을 학습하게 된다.

■ 분자생물학

분자 수준에서의 생명 현상을 이해하고 그것이 우리가 눈으로 보는 생명 현상과 어떻게 연결되는가를 규명하는 학문이다.

분자생물학 연구자들은 분자생물학 특유의 기법(기술)을 사용하며 유전학, 생화학분야에서 활용되는 다양한 기법들과 아이디어들을 융합시켜 발전해나가고 있다. 이들 분야 사이에 정확한 구분을 짓는다는 것은 사실 불가능하지만 다음 내용의 이해를 통해 대략적인 특징은 이해할 수 있을 것이다.

- 생화학은 살아있는 유기체에서 일어나는 생명 활동 과정과 그 속에 존재하는 화학물질에 대해 다룬다. 특히 생화학자들은 생체분자의 구조, 기능, 역할에 중점을 두고 연구한다. 예를 들자면 생체 내에서 활성을 띠는 분자들의

합성과정을 연구하는 것이 대표적이다.

- 유전학은 개체 간 유전학적인 차이를 다룬다. 대개 이러한 차이는 돌연변이 연구를 통해서 밝혀진다. 여기서 돌연변이란 정상적인 개체(야생형)와 비교하여 하나 이상의 기능적 요소가 결핍되거나 과잉 보유한 상태를 말한다.
- 분자생물학은 유전체의 복사, 전사 및 번역 과정 전체에서 분자적 기반을 연구하는 학문이다. 이 분야의 주된 연구는 중심이론(central dogma)의 흐름에 따른다. DNA의 전사로 인해 RNA가 되고 이것의 번역과정을 통해 최종적으로 단백질이 만들어지는 과정을 일컫는 중심이론은 최근 새롭게 밝혀지고 있는 역전사 효소 및 RNA의 세로운 기능에 의해 조금씩 수정되고 있다.

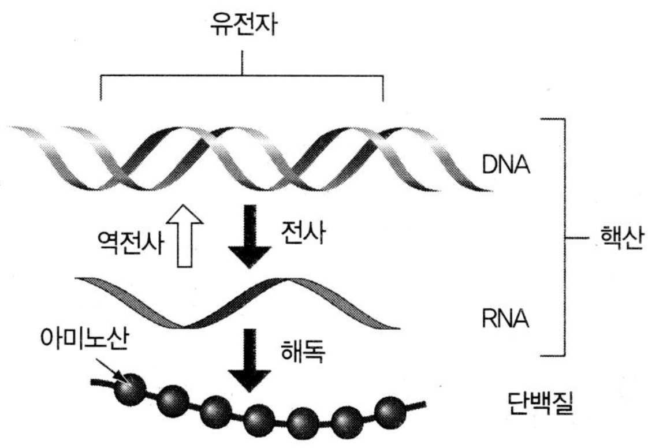

그림 2.1 중심원리

대부분의 분자생물학 연구는 정량분석을 거친다. 최근 컴퓨터공학의 도입으로 개척된 생체정보학등 컴퓨터를 이용한 자동화된 연구환경이 편리하게 작업을 도와준다. 2000년대 인간유전체계획(human genome project)에 의해 부각된 분자유전학(유전자의 구조와 기능을 밝히는 분야)이 현재 가장 활발한 분자생물학의 하위 분야이다.

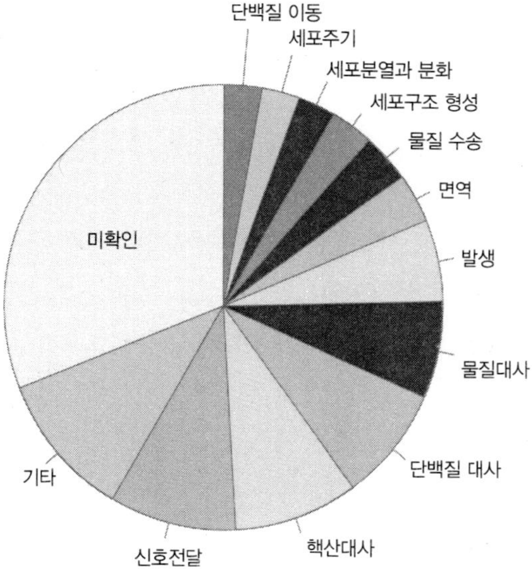

그림 2.2 인간의 유전체에 존재하는 유전자들의 알려진 기능과 상대적 빈도

점점 더 많은 생물학 분야들이 분자에 많은 관심을 기울이고 있다. 세포생물학이나 발생학처럼 직접적으로 분자 자체를 연구하는 분야도 있고, 분자생물학의 연구 테크닉을 응용하여 간접적으로 분자를 다루는 진화생물학도 있다. 일례로 생물물리학에는 철저하게 분자생물학을 연구하

는 것이 오랜 전통으로 남아있다.

▶ 분자생물학에서 사용되는 주요 기술

단백질 발현 클로닝(expression cloning)

단백질의 기능을 알아내는 가장 기본적인 기법 중의 하나가 expression cloning이다. 과정을 설명하자면 다음과 같다. 먼저 목표 단백질의 아미노산 서열을 암호화하고 있는 DNA를 플라스미드에 클로닝한다(PCR을 이용하거나 제한 효소를 이용한다.). 이렇게 만들어진 재조합 플라스미드를 발현벡터(expression vector)라고 한다. 이 플라스미드는 목표 단백질의 생산을 유도하는데 쓰이는 특징적인 프로모터와 함께 삽입된 DNA가 플라스미드로부터 유실되지 않도록 도와주는 항생제 내성 유전자(antibiotic resistance markers)를 갖고 있다. 이제 만들어진 플라스미드를 박테리아 또는 동물세포에 도입한다. 박테리아에 플라스미드를 도입시키는 데는 다음의 세가지 방법이 사용된다.

- 형질전환(transformation): DNA를 직접적으로 넣는 방법
- 접합(conjugation): 세포 간 접촉을 통해
- 형질주입(transduction): 바이러스를 운반체로 사용

동물세포와 같은 진핵세포의 경우에는 특별히 트랜스펙션(transfection)이라 부른다. 인산화칼슘(calcium phosphate) 트랜스펙션, 전기천공법(electrotransfection), 미세주입법(microinjection) 그리고 리포좀 주입법(liposome injection) 등

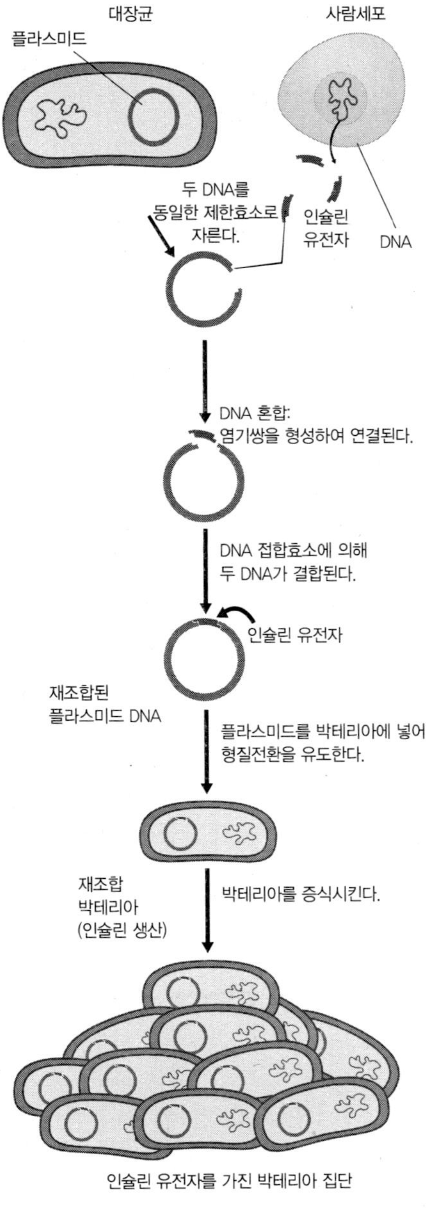

그림 2.3 인슐린 유전자의 재조합

이 대표적인 트랜스펙션 방법이다. 또한 바이러스나 박테리아를 운반체로 사용하여 진핵세포에 DNA를 도입할 수도 있다. 후자의 경우 종종 박토펙션(bactofection)이라 불린다. 박토펙션에는 주로 *Agrobacterium tumefaciens*라는 박테리아가 사용된다. 도입된 플라스미드는 숙주의 유전체에 안정적으로 삽입될 수도 있지만 유전체와는 독립적으로 떨어져서 존재할 수도 있다. 이 경우를 transient transfection이라 한다. 둘 중 어느 쪽이든, 목표 단백질을 암호화한 DNA는 숙주세포 내에 존재하므로 지금부터 단백질은 발현 가능하다. 프로모터에 결합하여 유전자 발현을 도와주는 다양한 시스템과 특정 신호전달 물질들이 모두 존재하므로 가능한 것이다. 일단 여기까지 진행되면 이제부터 연구자들은 숙주로부터 대량의 단백질을 만들고 추출할 수 있다. 연구자들은 추출한 단백질이 다양한 환경에서 활성을 나타내는지 알아보는 실험을 하며, 3차 구조의 연구를 위하여 결정을 만들기도 한다. 제약 산업에서는 목표 단백질에 작용하도록 개발된 신약의 성능을 알아보기도 한다.

– 중합효소 연쇄반응(polymerase chain reaction)

PCR이라고 흔히 불리는 중합효소 연쇄반응은 DNA를 복제할 때 매우 요긴하게 쓰이는 기법이다. 이 기술은 사람의 유전체와 같은 매우 복잡하며 양이 지극히 미량인 DNA 용액에서 연구자가 원하는 특정 DNA 단편만을 선택적으로 증폭시킬 수 있다. 또한 증폭에 필요한 시간이 2시간 정도로 짧으며, 실험 과정이 단순하고, 전자동 기계로 증폭할 수 있기 때문에, PCR과 여기서 파생한 여러 가지 기술은 분자생물학, 의료, 범죄 수사, 생물의 분류 등 DNA를 취급하는 작업 전반에서 매우 중요한 역할을 담당하고 있다.

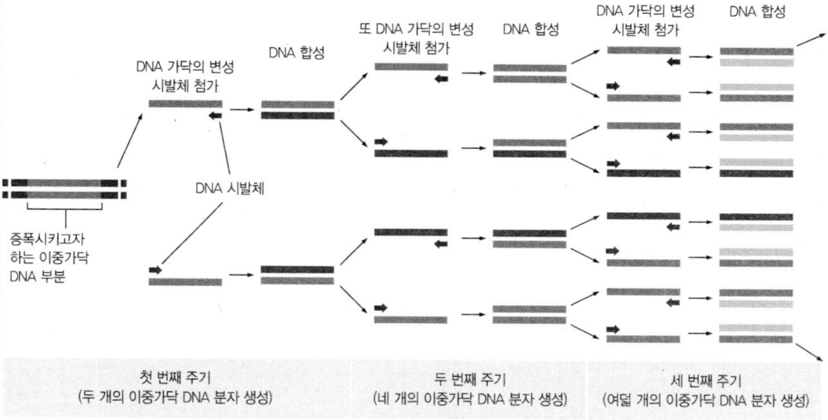

그림 2.4 중합효소 연쇄반응(PCR)

– 겔 전기 영동법(gel electrophoresis)

겔 전기 영동법은 매질인 겔(gel)에 전류를 흘려보내 DNA, RNA, 단백질 등을 분리하는 실험 방법이다. DNA, RNA 그리고 단백질의 전하를 띠는 성질을 이용해 전기장 내에서 각각을 분리시키는 것이 전기영동 기본 원리이다. 아가로즈(agarose)를 겔로 사용했을 경우에는 DNA와 RNA가 크기에 따라 분리가 된다. 단백질의 경우는 마찬가지로 크기에 따라 분리가 되지만 겔로 SDS-PAGE를 사용한다는 차이점이 있다. 또 다른 단백질 분리에는 단백질의 크기와 전하를 모두 이용해 분리하는 2차원 전기영동(2D-gel electrophoresis)이 있다.

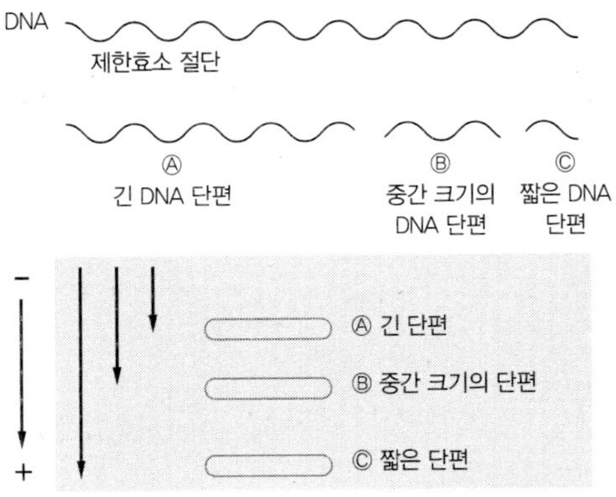

그림 2.5 전기영동법을 이용한 DNA 분리

서던 블롯팅(southern blotting)

개발자 에드윈 서던(Edwin Southern)의 이름을 따서 명명된 서던 블롯팅(southern blotting)은 DNA 샘플 속에 특정 서열이 존재하는지를 판별할 때 사용된다. 제한효소 처리한 DNA 샘플은 겔 전기 영동을 통해 분리된 후 모세관 현상을 통해 얇은 막으로 옮겨진다. DNA가 옮겨진 막에 특정 서열에 상보적인 탐침(probe)을 뿌린다. 만약 특정 서열이 샘플 내에 존재한다면 탐침과 상보적으로 결합하게 된다. 표지는 원래 방사성 동위원소를 이용했으나, 현재는 화학발광제 등의 다양한 대체재들이 사용된다. DNA 샘플에서 바로 특정, 서열을 분석하는 PCR 등의 기법들이 존재하기 때문에 서던 블롯팅 자체는 실험실에서 그리 많이 쓰이지 않는다. 하지만 여전히 형질전환 쥐의 형질전환유전자(transgene) 복제 수를 측정하거나 배아줄기세포의 유전자 결여(knockout) 연구 등에 쓰이고 있다.

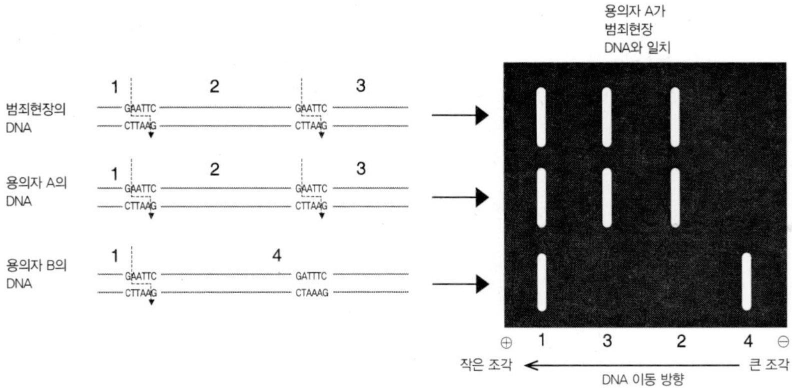

그림 2.6 RFLP를 통한 범인 추적

노던 블롯팅(northern blotting)

서로 다른 RNA 샘플들 사이에서 특정 RNA의 발현 양상을 비교하는데 쓰이는 기법이 노던 블롯이다. RNA는 크기에 따라 전기영동을 통해서 분리된 후 얇은 막으로 옮겨진다. 그 후 서던 블롯(southern blot)과 마찬가지로 원하는 서열에 상보적인 탐침을 만들어 특정 서열의 존재와 양을 판별한다. 결과물로써 나타나는 밴드의 존재는 특정 서열이 존재함을 말해주고, 밴드의 두께를 통해 RNA의 양을 추정할 수 있다. 살아있는 조직에서 언제 그리고 어떤 조건에서 특정 유전자가 발현되는지를 분석하는 데 노던 블롯은 매우 유용하게 쓰인다.

웨스턴 블롯팅(western blotting)

웨스턴 블롯(western blot)이란 특정 단백질의 유무 또는 양을 알기 위해 수행하는 분석방법이다. 주로 단백질의 발현 여부를 알기 위해 사용한다. 서던 블롯(southern blot)과 노던 블롯(northern blot)이 DNA-DNA, DNA-RNA간의 상보적 특이성을 이용하는 데 반해 웨스턴 블롯은 단백질-단백질간의 특이성을 이용한다. 주로 항원-항체(antigen-antibody)반응을 이용한다

– DNA 미세배열(DNA microarrays)

DNA 미세배열은 슬라이드 글라스 따위의 판에 단일 가닥의 DNA 조각을 하나 하나 배열해 놓는 것이다. 그 모습이 마치 도서관에 책이 놓여있는 것과 유사해 DNA 도서관이라고 불린다. 미세배열 기법의 사용으로 한 개의 작은 슬라이드 글라스 위에 엄청나게 많은 수의 작은 절편(직경이 100 마이크로미터 정도)을 올려놓을 수 있게 되었다. 미세배열에 사용된 각 절편들은 특정 DNA 서열의 상보적으로 만들어진 것인데 이것은 서던 블롯의 원리와 유사하다. 미세배열을 통해 특정 서열의 존재를 확인할 수 있는데, 그러기 위해서는 상보서열의 대상 DNA가 있을 것으로 추정되는 조직의 RNA를 가공해야 한다. 우선 조직에서 RNA를 획득한 다음 그 서열을 바탕으로 cDNA(complementary DNA)를 만들어야 한다. 그 후 만들어진 cDNA를 미세배열 상에 뿌려주면, 상보서열과 결합하여 표시가 나타난다. 동일한 미세배열을 여러 개 만들 수 있는데, 이것을 응용해 여러 개체간 유전자 발현 모습을 비교할 수 있다. 특히 암 조직과 정상 조직간의 비교가 암 연구에 큰 도움이 되고 있다.

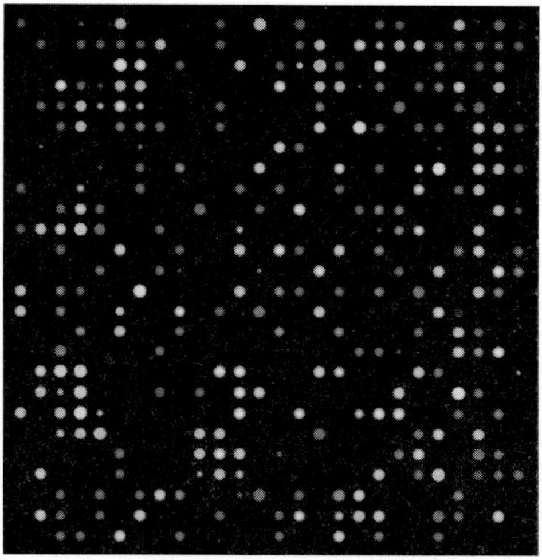

그림 2.7 DNA 칩에 심어진 DNA와 cDNA가 결합하면 형광을 나타낸다.

– 대립형질 특이 올리고뉴클레오타이드(allele specific oligonucleotide)

대립형질 특이 올리고뉴클레오타이드(ASO)는 PCR이나 전기영동의 도움 없이 단일 염기 서열 돌연변이를 찾아낼 수 있는 기법이다. 20~25개 정도의 뉴클레오타이드로 이루어진 짧은 길이의 특수 표지된 탐침을 절단 되지 않은 DNA에 뿌려주면 혼성화가 된다. 탐침이 매우 짧기 때문에 단일 염기 서열의 차이만으로도 혼성화는 잘 이루어지지 못한다. 이렇게 혼성화가 되지 못한 DNA는 씻겨지고 남겨진 탐침은 제거된다. 만약 혼성화가 이루어진다면, 형광 물질이나 방사성 원소로 표지된 탐침에 의해 혼성화가 된 것을 알 수 있다.

■ 미생물학

미생물에 관해 연구하는 생물학의 한 분야이다. 사람 등에게 질병을 일으키는 미생물을 연구하는 분야(병원미생물학)에서 시작했으며, 세균, 고세균, 진균류, 원생생물 및 바이러스 등에 관해 연구하고 있다. 이 분야에서는 기생충에 관해서도 연구하고 있다.

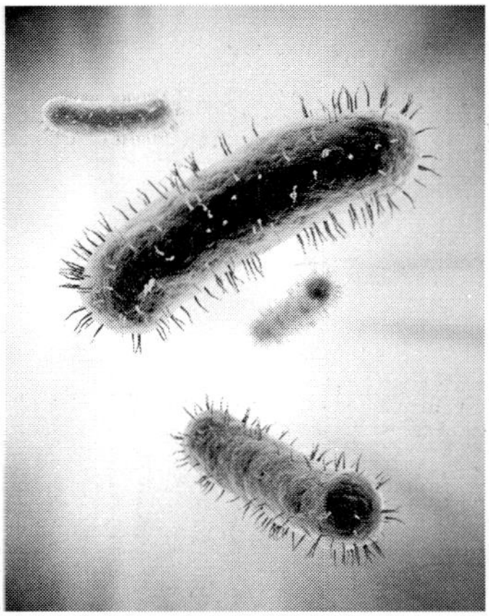

박테리아(원핵생물계)

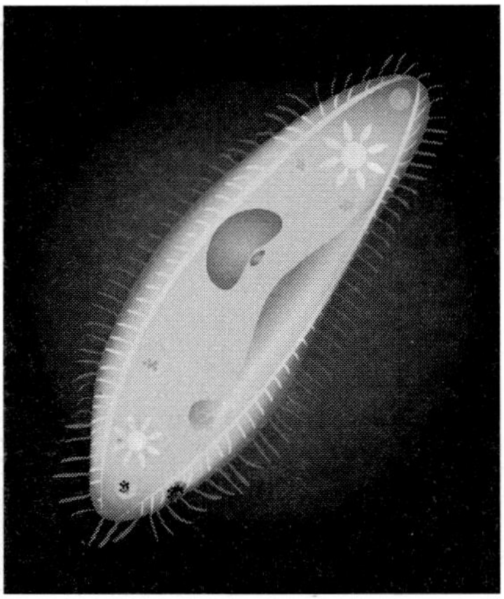

짚신벌레(원생생물계)

■ 신경생물학

뇌를 포함한 모든 신경계에 대해서 연구하는 학문이다. 신경과학은 우리가 외부 환경을 어떻게 인지하며 경험하는지, 그리고 다른 사람과 어떻게 상호관계를 맺는지 등을 밝혀내는 데 중점을 두고 있다. 신경과학은 유전학, 생화학, 생리학, 약리학, 병리학, 진화생물학 등의 학문과 밀접한 연관을 맺고 있으며 생물학의 한 분야로 여겨진다. 그러나 신경과학은 학문의 특성상 생물학의 한 분야라고만 단정 짓기는 어려우며, 실제로 심리학, 컴퓨터공학, 통계학, 물리학, 의학, 언어학, 철학, 수학 등의 다른 분야의 학문의 도움을 많이 받고 있다.

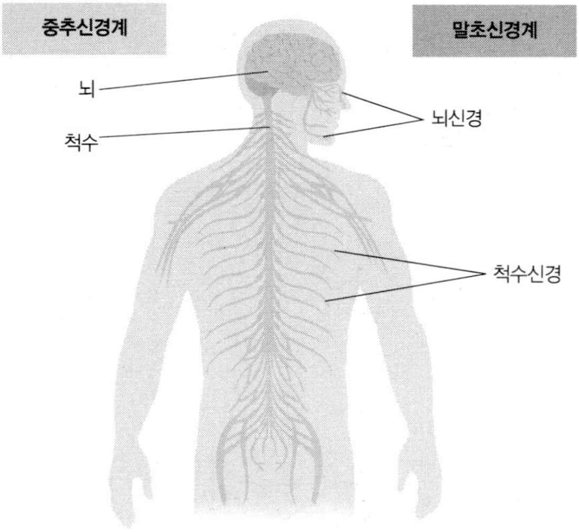

그림 2.8 척추동물의 신경계

신경과학은 분자, 세포, 발생, 구조, 기능, 진화, 컴퓨터 연관, 의학적 측면을 다룬다. 신경과학자들이 사용하는 기술은 빠르게 발전하여 개별 신경세포의 분자 및 세포 수준에서 뇌의 감각과 운동 능력에 대한 뇌 영상까지 연구할 수 있다. 최근에는 이론적인 진척에 힘입어 신경망에 대한 연구가 진행되고 있다.

■ 진화생물학

지구 상의 생물의 진화를 연구하는 학문으로써, 현대 생물학의 가장 기본이 되는 분야(학문)중의 하나이다. 진화란 생물의 다양성을 형성해가는 과정을 뜻하며, 그 과정을 연구하는 것이 진화생물학의 핵심이다. 진화학이란 생명의 역사에 관한 학문으로, 그 시작은 찰스 다윈의 진화론으로 볼 수 있다. 현재는 진화가 관찰되는 사실이라는 것이 밝혀진 상태이며, 진화의 속도와 방향을 결정하는 요인에 대한 연구가 활발히 이루어지고 있다.

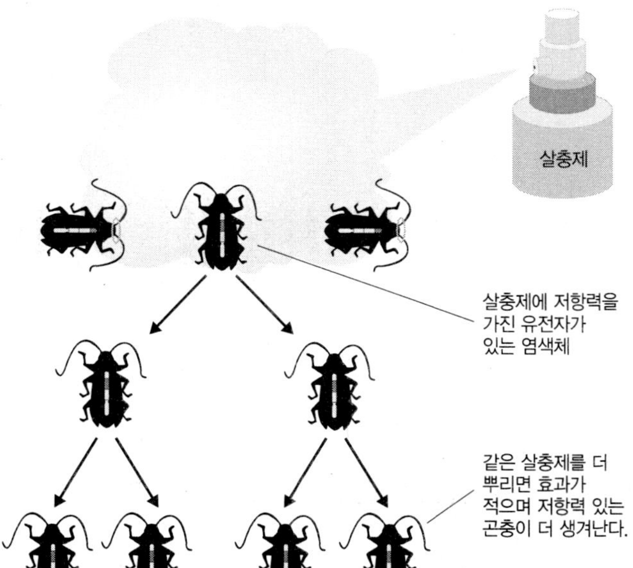

그림 2.9 살충제에 저항력을 가진 곤충의 진화

진화는 생물의 역사만을 다루므로 화학물질에서 기초로 한 생명의 기원을 연구하는 화학진화와는 다른 분야이다. 진화생물학은 화학진화를 포함하지 않는 것이 일반적이며, 이는 종종 오해를 낳지만, 화학진화는 생화학의 분야로써 진화생물학과는 매우 다른 방식으로 연구가 진행된다.

■ 생물분류학

지구상에 살고 있는 온갖 생물의 계통과 종속을 특정 기준에 따라 차례 나누어 정리하는 생물학의 한 분야이다. 분류학이 추구하는 목적은 크게 다음과 같이 요약해 볼 수 있다.

- 지구상에 현존하는 모든 생물체를 대상으로 한다.
- 이 모든 생물체에 대한 정보 수집을 통하여 그들의 계보 역사의 재구성.
- 생물체에 관한 진화과정 및 관련학문의 도움을 빌어 그의 원인추적.
- 관련 학문, 예컨대 생물지질학, 생화학에 필요한 정보 제공.
- 생물학 관련 세부 분야, 예컨대 생물환경학, 유전학의 조직 혹은 분류 체계 설정.

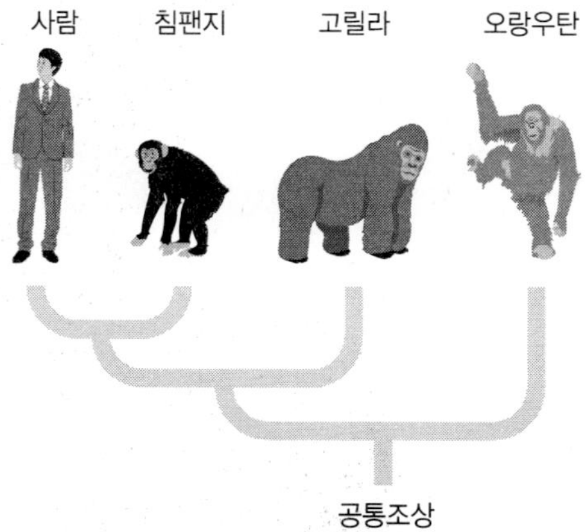

그림 2.10 생물의 분류

■ 생태학

생물과 환경의 상호작용을 연구하는 생물학의 한 분야이다. 환경은 생물의 주변을 구성하는 생물적, 비생물적 요소를 모두 포함한다. 영어로 ecology라고 하는데 생태학의 어원은 고대 그리스어로 "사는 곳", "집안 살림"을 뜻하는 oikos와 "학문"을 의미하는 logos의 합성어이다. "집안 살림 관리"를 뜻하는 경제학과 어원이 같다.

그림 2.11 생태학의 수준

■ 세포생물학

생물체의 기본 바탕을 이루는 세포의 구조를 연구하는 생물학의 주요분야이다. 세포의 관찰과 연구는 분자생물학적 차원에서 이루어진다. 세포학은 세포의 구조에서 비롯하여 세포 상호간에 이루어지는 여러 가지 현상을 관찰하고 분석함으로써 생물의 생성과 발전에 보다 상세한 지식을 얻음으로써 생물학 관련 분야, 생화학, 유전학, 진화생물학 등에 유익한 자료를 제공한다. 다음은 세포생물학의 주요 연구대상이다.

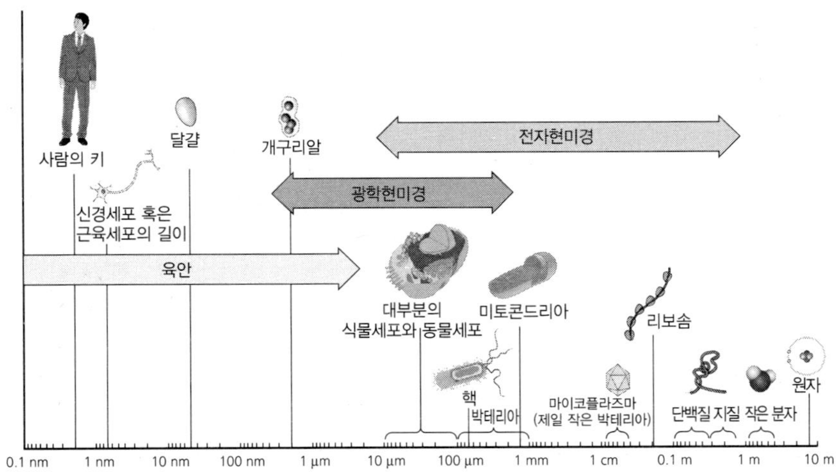

그림 2.12 세포와 세포소기관의 크기

- 소포체(endoplasmic reticulum): 소포체는 리보솜과 결합되어 있는 조면소포체와 결합되지 않은 활면소포체로 나뉜다. 조면소포체에서는 세포밖으로 나갈 단백질 합성에

관여하며 활면소포체에서는 탄수화물과 지질의 합성에 관여한다.

- 골지체(golgi apparatus): 골지장치는 세포의 중추전달체계로서 화학반응을 거쳐 형성된 단백질 등을 저장, 수송, 분비하는 역할을 한다.
- 리보솜(ribosome): 리보솜은 세포에 두루 퍼져 있는 작은 알맹이들로서 소포체에서 단백질을 합성하는 데 도움을 준다. 세포핵에서 DNA로부터 전사된 전령 RNA(mRNA)와 결합하여 정확한 순서의 아미노산을 합성한다.
- 세포핵(nucleus): 세포핵은 유전자 세포 원형질의 중심이며 유전정보체인 DNA와 히스톤(histone) 단백질의 복합체인 염색분체를 담고 있다.
- 핵소체(nucleolus): 핵소체는 세포핵 가운데에 있는 알맹이로서 RNA와 단백질 합성에 관여한다. 세포분열시 소실되었다가 분열과정이 종료되면 다시 형성된다.
- 중심소체(centrioles): 중심소체는 한 쌍이 세포에 들어 있으며 세포분열시 염색체를 세포막에 가까이 이동시켜 두 개의 세포를 형성하는 데 관여한다. 세포 분열이 일어나지 않는 시기에 주로 알갱이 형태로 존재하며 세포분열이 개시되기 전(간기의 S기-간기의 염색사 복제기)에 성상체로 변화 후 분열직전 방추사로 변화한다. 기본 단층구조는 9+0의 구조를 이루고 있으며 섬모나 편모의 기저부로 사용된다.

- 미세소관(microtubles): 미세소관은 작은 단백질 성분의 중합체로 이루어진 미세관 구조들로 세포골격을 이루며, 세포분열 과정에서 세포내 구조물들의 이동 등에 중요한 역할을 한다.
- 세포질(cytoplasm): 세포질은 세포의 껍질로서 다른 세포와 벽을 만들어 주며, 세포로 유기물질을 받아들이고 그리고 세포 안에서 합성된 물질을 내 보내는 역할을 한다.
- 미토콘드리아(mitochondria): 미토콘드리아는 세포내 화학에너지의 합성을 담당하는 소기관으로 내부공생설에 의해 형성되었을 것으로 알려져 있으며, 세포내 호흡을 주도한다. 유기 고분자 화합물을 분해하여 이산화탄소와 물로 전환시키고 이때 유리되는 에너지를 아데노신 삼인산으로 저장하여 생명체가 사용할 수 있게 한다.
- 리소솜(lysosome): 리소솜은 골지체로부터 유래된 세포내 소낭(작은주머니)으로 가수분해 효소를 함유하고 있어 많은 유기화합물을 포함하는 식포와 결합하여 물질분해를 담당하고 외부로부터 유입되는 이물질도 용해할 수 있는 세포소기관이다. 또한 갑상선 호르몬과 같은 물질을 합성하고 분비하는 데 관여한다.

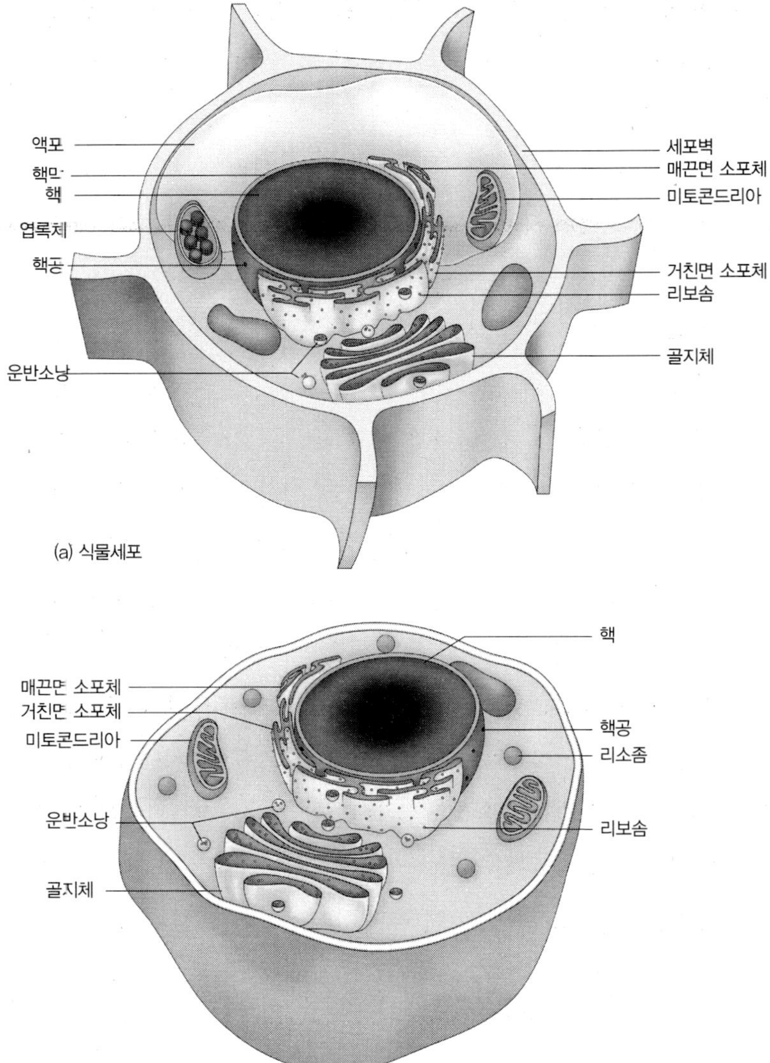

그림 2.13 동물세포와 식물세포

■ 생물정보학

흔히 바이오인포매틱스(bioinformatics)는 생물학적인 문제를 응용수학, 정보과학, 통계학, 컴퓨터 과학, 인공지능, 화학, 생화학등을 이용하여 주로 분자 수준에서 다루는 학문이다. 생물정보학의 연구분야는 시스템 생물학(system biology)과 중복되기도 한다. 주 연구분야는 서열정렬, 유전자 검색, 유전자 조합, 단백질 구조 정렬, 단백질 구조 예측, 유전자발현의 예측, 단백질간 상호작용, 진화모델 등 다양하다.

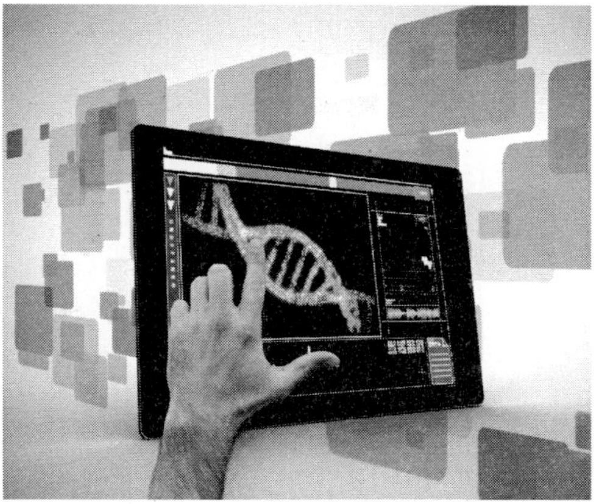

➡ 생물정보학의 태동

1950년대 영국 케임브리지의 앨런 튜링(Alan Mathison Turing) 박사가 자연발생적인 생물학적 패턴에 관한 논문이 생물정보학의 최초의 논문으로 여겨진다. 그 뒤, 영국 케임브리지의 MRC 센터의 막스 퍼루츠와 존 켄드류박사가 헤모글로빈의 3차원 단백질 구조를 학계에 보고하면서, 그 때까지 손으로 계산기를 이용하던 것에서, 컴퓨터를 가지고 모델을 만들기 시작한 것이 구조생물정보학(structural bioinformatics)의 시작이다. 그 뒤 같은 MRC 센터의 퍼루츠의 연구원이된 프란시스 크릭(Francis Crick)이 시드니 브래너(Sydney Brenner)와 함께 코돈(codon)이란 용어를 만들면서, 생물학의 핵심이 DNA 나선구조와 정보의 복사(copy)라는 개념을 더 확고히 하게 되었다. 그 때, 같은 MRC 센터의 생어 박사가 최초의 인슐린 단백질 서열을 해독해 내면서, MRC 센터 내에 서열연구의 중요성과 기반이 만들어졌다. 그 뒤 생어 박사가 두 번째 노벨상을 수상하게 되는 DNA 서열을 쉽게 판독할 수 있는 두 가지의 방법을 고안하면서, 많은 양의 DNA 정보가 쏟아지게 되었다. 이때, MRC 센터는 이미, 최초의 3차원 단백질을 컴퓨터로 그리기 시작했으며, 최초의 DNA 유전체의 구조비교, 최초의 DNA서열 정렬법, 최초의 DNA 정렬 패키지 등을 만들게 되었다. 몇몇의 물리학자 및 수학자 출신들이 직접 컴퓨터 프로그래밍을 통해 무료로 알고리즘을 배포하기 시작하면서, 생물정보학의 완성된 모습과 유용성들이 미국의 학계에 영향을 끼치기 시작한다. 특히, 1960년~1970년대에는 미국에서 수많은 박사후 연구원과 선임연구자들이 케임브리지의 MRC 센터에서 생물리학, 생화학, 생물정보학을 전수하여 갔다. 1970년대, 최초의 단백질 아틀라스 발간, 유전자 정보은행이 니들만 원쉬 등의 미국 연구자들의 기여로 폭발적으로 증가하게 되었고, 인터넷이 급격히 보급되는 1995년 이후에, 생물정보학은 지금의 연구자들이 이해하는 형태로 발전하게 되었다. 그 전까지는 생물정보학에 대한 정의나, 역사에 대한 지식이 일부 200명 남짓의 소수 전문가들에게만 알려졌었다. 인터넷을 통한 자유로운 정보

교환은, 생물정보학의 가장 중요한 정보와 연구자을 연결하는 통로가 되었으며, 그 뿌리는 모든 정보를 무료로 배포한 케임브리지의 MRC 센터의 연구문화에서 기인한다. 그에 반해, 미국은 실리콘밸리와 하버드 및 예일대 등 동부지역을 주축으로 한 조금 더 경쟁적이고 폐쇄적인 정보교환이 진행되었다. 미국 NCBI가 본격적으로 운용되면서, 막대한 양의 생물학 정보들이 전 세계적으로 보급되는 계기가 90년대에 만들어지게 되었다. 지금은 1970년대 영국 케임브리지 생어의 DNA 서열 분석방법의 발달에 따라 현재 수많은 생물 종의 전체 유전체 서열이 밝혀지고 있으며, 이런 정보가 생물정보학의 핵심 컨텐츠가 되고 있다.

크릭

왓슨

유전체학과 생물정보학은 매우 밀접한 관계에 있다. 결론적으로 생물체로부터 얻어진 대량의 데이터로부터 유용한 지식을 얻어내기 위한 이론물리, 전산, 통계, 수학적인 도구를 이용하여 생명현상을 연구하는 분야를 생물정보학(bioinformatics) 혹은 생명정보학, 생물정보공학으로 쓰이고 있으며, 전산생물학(computational biology)이라는 용어 또한 흔히 같은 뜻으로 쓰이고 있다. 하지만 전산생물학은 생물학에서 컴퓨터를 쓴다는 생물학에 포함된 정의로 이해할 수 있다. 최근 생명현상을 보는 시각이 확대되면서, 기존의 Bio+Logie의 뜻과 같으나, 단순한 부속의 합이 아니란 취지의, 시스템 전체에 대한 분석 및 수리적인 모델링(mathematical modeling)을 강조하는 용어인 시스템생물학(systems biology)도 생물정보학과 상당부분 겹치는 용어이다.

■ 유전학(분자유전학)

유전학(genetics)은 생물의 유전과 유전자 다양성 등을 연구하는 생물학의 한 분야이다. 선사시대부터 인간은 생물의 특징이 부모로부터 자식에게 유전되는 것을 이용해 품종 개량을 해왔다. 그러나 최초로 과학적인 방법으로 유전을 연구한 것은 그레고어 멘델(Gregor Mendel)이 유전법칙을 발견한 19세기 중반부터이다. 그는 오늘날 유전자(gene)라 부르는 물질을 대립유전자(allele)라 불렀다. 현대 유전학의 핵심 개념은 유전자이다.

유전자는 전체 DNA 서열 가운데 DNA의 일정 구간을 이루는 염기서열의 배열을 말한다. DNA는 뉴클레오타이드들이 이중나선의 형태로 결합되어 있는 것으로 DNA의 복제를 통하여 유전형질을 다음 세대로 전달한다. 또한 세포에서 DNA의 역할은 단백질을 형성하여 생물이 생장하고 활동할 수 있도록 하는 것이다. DNA에서 전사된 전령 RNA(mRNA)의 코돈은 각각 하나의 아미노산과 대응하며, 이렇게 전사된 RNA에 의해 결합된 아미노산에 의해 단백질이 형성된다. 단백질은 효소, 근육, 세포질 등 생물을 이루고 있는 가장 중요한 요소이다.

요약하면 현대의 유전학은 생물의 발생과 생장, 그리고 진화에서 차지하는 유전자의 역할을 규명하고 DNA의 재조합 실험을 통해 유전체와 생물정보를 탐구하는 폭넓은 영역의 과학이다. 매우 넓은 연구분야를 이루고 있기 때문에 현대의 유전학은 집단유전학, 유전체학, 진화유전학 등의 하위 학문으로 세분화되어 있다. 또한 유전학은 여러 학문에 파급되어 의학, 농업 등에서 유전학은 필수적인 기반지식이 되었다. 유전학을 바탕으로 하는 유전공학과 생명공학은 유전자 조작을 통한 약품의 개발과 품종개량 등의 다양한 분야에서 적용되고 있다.

No. 4356 April 25, 1953 NATURE 737

equipment, and to Dr. G. E. R. Deacon and the captain and officers of R.R.S. *Discovery II* for their part in making the observations.

[1] Young, F. B., Gerrard, H., and Jevons, W., *Phil. Mag.*, **40**, 149 (1920).
[2] Longuet-Higgins, M. S., *Mon. Not. Roy. Astro. Soc., Geophys. Supp.*, **5**, 285 (1949).
[3] Von Arx, W. S., Woods Hole Papers in Phys. Oceanog. Meteor., **11** (3) (1950).
[4] Ekman, V. W., *Arkiv. Mat. Astron. Fysik. (Stockholm)*, **2** (11) (1905).

MOLECULAR STRUCTURE OF NUCLEIC ACIDS

A Structure for Deoxyribose Nucleic Acid

WE wish to suggest a structure for the salt of deoxyribose nucleic acid (D.N.A.). This structure has novel features which are of considerable biological interest.

A structure for nucleic acid has already been proposed by Pauling and Corey[1]. They kindly made their manuscript available to us in advance of publication. Their model consists of three inter-twined chains, with the phosphates near the fibre axis, and the bases on the outside. In our opinion, this structure is unsatisfactory for two reasons: (1) We believe that the material which gives the X-ray diagrams is the salt, not the free acid. Without the acidic hydrogen atoms it is not clear what forces would hold the structure together, especially as the negatively charged phosphates near the axis will repel each other. (2) Some of the van der Waals distances appear to be too small.

Another three-chain structure has also been suggested by Fraser (in the press). In his model the phosphates are on the outside and the bases on the inside, linked together by hydrogen bonds. This structure as described is rather ill-defined, and for this reason we shall not comment on it.

We wish to put forward a radically different structure for the salt of deoxyribose nucleic acid. This structure has two helical chains each coiled round the same axis (see diagram). We have made the usual chemical assumptions, namely, that each chain consists of phosphate di-ester groups joining β-D-deoxy-ribofuranose residues with 3',5' linkages. The two chains (but not their bases) are related by a dyad perpendicular to the fibre axis. Both chains follow right-handed helices, but owing to the dyad the sequences of the atoms in the two chains run in opposite directions. Each chain loosely resembles Furberg's[2] model No. 1; that is, the bases are on the inside of the helix and the phosphates on the outside. The configuration of the sugar and the atoms near it is close to Furberg's 'standard configuration', the sugar being roughly perpendicular to the attached base. There is a residue on each chain every 3·4 A. in the z-direction. We have assumed an angle of 36° between adjacent residues in the same chain, so that the structure repeats after 10 residues on each chain, that is, after 34 A. The distance of a phosphorus atom from the fibre axis is 10 A. As the phosphates are on the outside, cations have easy access to them.

This figure is purely diagrammatic. The two ribbons symbolize the two phosphate—sugar chains, and the horizontal rods the pairs of bases holding the chains together. The vertical line marks the fibre axis

The structure is an open one, and its water content is rather high. At lower water contents we would expect the bases to tilt so that the structure could become more compact.

The novel feature of the structure is the manner in which the two chains are held together by the purine and pyrimidine bases. The planes of the bases are perpendicular to the fibre axis. They are joined together in pairs, a single base from one chain being hydrogen-bonded to a single base from the other chain, so that the two lie side by side with identical z-co-ordinates. One of the pair must be a purine and the other a pyrimidine for bonding to occur. The hydrogen bonds are made as follows: purine position 1 to pyrimidine position 1; purine position 6 to pyrimidine position 6.

If it is assumed that the bases only occur in the structure in the most plausible tautomeric forms (that is, with the keto rather than the enol configurations) it is found that only specific pairs of bases can bond together. These pairs are: adenine (purine) with thymine (pyrimidine), and guanine (purine) with cytosine (pyrimidine).

In other words, if an adenine forms one member of a pair, on either chain, then on these assumptions the other member must be thymine; similarly for guanine and cytosine. The sequence of bases on a single chain does not appear to be restricted in any way. However, if only specific pairs of bases can be formed, it follows that if the sequence of bases on one chain is given, then the sequence on the other chain is automatically determined.

It has been found experimentally[3,4] that the ratio of the amounts of adenine to thymine, and the ratio of guanine to cytosine, are always very close to unity for deoxyribose nucleic acid.

It is probably impossible to build this structure with a ribose sugar in place of the deoxyribose, as the extra oxygen atom would make too close a van der Waals contact.

The previously published X-ray data[5,6] on deoxyribose nucleic acid are insufficient for a rigorous test of our structure. So far as we can tell, it is roughly compatible with the experimental data, but it must be regarded as unproved until it has been checked against more exact results. Some of these are given in the following communications. We were not aware of the details of the results presented there when we devised our structure, which rests mainly though not entirely on published experimental data and stereo-chemical arguments.

It has not escaped our notice that the specific pairing we have postulated immediately suggests a possible copying mechanism for the genetic material.

Full details of the structure, including the conditions assumed in building it, together with a set of co-ordinates for the atoms, will be published elsewhere.

We are much indebted to Dr. Jerry Donohue for constant advice and criticism, especially on inter-atomic distances. We have also been stimulated by a knowledge of the general nature of the unpublished experimental results and ideas of Dr. M. H. F. Wilkins, Dr. R. E. Franklin and their co-workers at

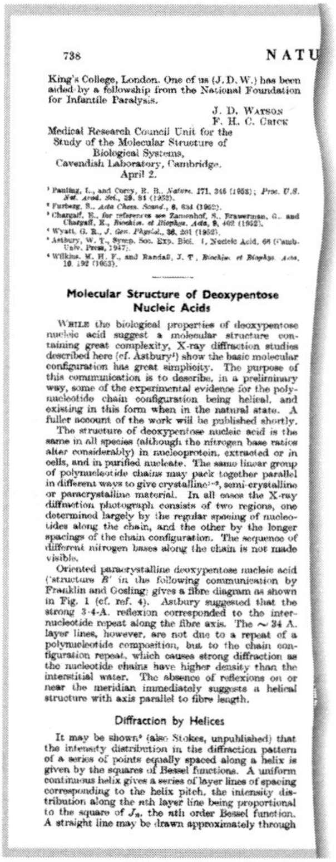

738 NATU

King's College, London. One of us (J. D. W.) has been aided by a fellowship from the National Foundation for Infantile Paralysis.

J. D. WATSON
F. H. C. CRICK

Medical Research Council Unit for the Study of the Molecular Structure of Biological Systems,
Cavendish Laboratory, Cambridge.
April 2.

[1] Pauling, L., and Corey, R. B., *Nature*, **171**, 346 (1953); *Proc. U.S. Nat. Acad. Sci.*, **39**, 84 (1953).
[2] Furberg, S., *Acta Chem. Scand.*, **6**, 634 (1952).
[3] Chargaff, E., for references see Zamenhof, S., Brawerman, G., and Chargaff, E., *Biochim. et Biophys. Acta*, **9**, 402 (1952).
[4] Wyatt, G. R., *J. Gen. Physiol.*, **36**, 201 (1952).
[5] Astbury, W. T., Symp. Soc. Exp. Biol. 1, Nucleic Acid, 66 (Camb. Univ. Press, 1947).
[6] Wilkins, M. H. F., and Randall, J. T., *Biochim. et Biophys. Acta*, **10**, 192 (1953).

Molecular Structure of Deoxypentose Nucleic Acids

WHILE the biological properties of deoxypentose nucleic acid suggest a molecular structure containing great complexity, X-ray diffraction studies described here (cf. Astbury[1]) show the basic molecular configuration has great simplicity. The purpose of this communication is to describe, in a preliminary way, some of the experimental evidence for the poly-nucleotide chain configuration being helical, and existing in this form when in the natural state. A fuller account of the work will be published shortly.

The structure of deoxypentose nucleic acid is the same in all species (although the nitrogen base ratios alter considerably) in nucleoprotein, extracted or in cells, and in purified nucleate. The same linear group of polynucleotide chains may pack together parallel in different ways to give crystalline[1-3], semi-crystalline or paracrystalline material. In all cases the X-ray diffraction photograph consists of two regions, one determined largely by the regular spacing of nucleotides along the chain, and the other by the longer spacings of the chain configuration. The sequence of different nitrogen bases along the chain is not made visible.

Oriented paracrystalline deoxypentose nucleic acid ('structure *B*' in the following communication by Franklin and Gosling) gives a fibre diagram as shown in Fig. 1 (cf. ref. 4). Astbury suggested that the strong 3·4-A. reflexion corresponded to the inter-nucleotide repeat along the fibre axis. The ~ 34 A. layer lines, however, are not due to a repeat of a polynucleotide composition, but to the chain configuration repeat, which causes strong diffraction as the nucleotide chains have higher density than the interstitial water. The absence of reflexions on or near the meridian immediately suggests a helical structure with axis parallel to fibre length.

Diffraction by Helices

It may be shown[5] (also Stokes, unpublished) that the intensity distribution in the diffraction pattern of a series of points equally spaced along a helix is given by the squares of Bessel functions. A uniform continuous helix gives a series of layer lines of spacing corresponding to the helix pitch, the intensity distribution along the *n*th layer line being proportional to the square of J_n, the *n*th order Bessel function. A straight line may be drawn approximately through

그림 2.14 1953년 왓슨과 크릭에 의해 네이처지에 발표된 DNA 구조에 대한 기념비적 논문

■ 면역학

여러 생물체의 면역계에 대해 연구하는 생물(명)의학(biomedical)의 한 분야이다. 건강한 상태 및 질병에 걸린 상태에서의 면역계의 생리적 작용에 대해서 다루며, 특히 면역계의 오류로 인한 질환(자가면역 질환, 과민증, 면역 결핍증, 이식 거부) 및 면역계의 생리학적 특성에 대해서 관심 있게 다루고 있다.

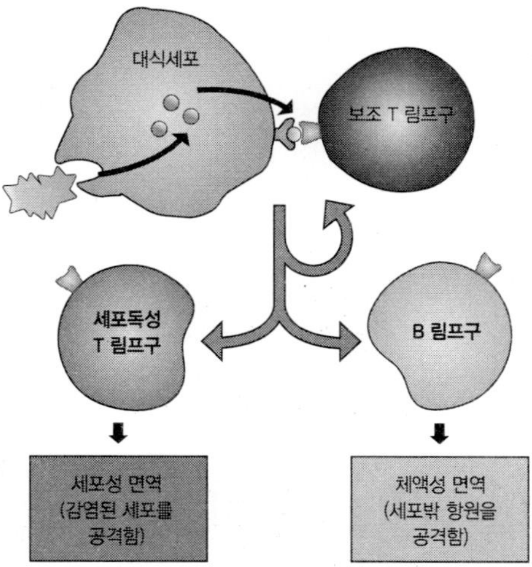

그림 2.15 보조 T 림프구는 세포성 면역과 체액성 면역을 활성화시킨다.

➡ 면역학의 역사

면역 반응은 과거부터 '한번 병에 걸리면 다음에는 그 병에 잘 걸리지 않는다'라고 알려져 왔다. 이를 실제로 적용한 사람은 18세기 말의 에드워드 제너(Edword Jenner)로, 소에게 걸리는 우두(cowpox)를 이용하여 사람의 치명적인 병이었던 천연두(smallpox)의 예방 방법을 적용한 것을 면역학의 시초로 볼 수 있다. 이후 각종 질병의 원인균들이 발견되고, 프랑스의 루이 파스퇴르(Louis Pasteur)가 최초로 근대화된 예방접종법(vaccination)을 개발하면서 본격적으로 면역학은 의학과 함께 발전하기 시작했다. 현재 인간의 각종 질병들, 특히 후천성 면역결핍증(AIDS), 암과 같은 난치성 질환에 대한 면역치료는 큰 과제로 남아있다.

■ 해양생물학

해양에 사는 생물을 연구하는 과학 분야이다. 해양생물학은 해양생물의 분류보다 각 생물이 사는 환경을 중심으로 생물을 이해하는 분야이다. 해양생물은 거대한 자원이며, 식품, 약품, 광물과 같은 귀중한 자원을 제공하며, 레크리에이션과 관광의 대상이 되기도 한다. 해양생태계는 지구의 자연환경을 연구하는 데에 많은 도움을 준다. 해양생물들은 산소 순환 주기에 중요한 역할을 하며, 지구의 기후에도 비중 있게 관여한다.

그림 2.16 갈라파고스 거북이

■ 고생물학

진화생물학과 매우 밀접한 관계를 갖고 있는 생물학의 특수 분과로서, 지구상에서 발견되는 화석을 바탕으로 생물체의 발생과 진화과정 그리고 까마득히 먼 옛날의 생물체의 환경 등을 연구하는 학문이다.

고생물학은 지구상에 예전에 살았던 동식물들이 진화해온 역사를 화석기록, 생흔화석 따위를 통해서 연구하는 학문이다. 화석에는 신체의 딱딱한 부분이 암석화된 화석과 기어다닌 흔적, 땅을 판 구멍, 신체의 일부가 암석에 찍혀 남은 흔적, 화석화된 피부, 화학적인 잔여물질 등이 포함된다.

현대의 고생물학과 지질학은 중세 후기부터 유럽의 귀족이나 성직자 사회에서 취미 형태로 땅에서 나온 화석등을 모으고 자신의 수집품을 비교대조 하면서 그 기원을 추론하는 데에서 시작되었다. 이런 현상이 유독 유럽 문명권에서만 일어났던 까닭은 유럽의 지질이 주로 중생대의 퇴적암 지층이고 서유럽의 대부분이 습곡을 받지 않은 지층이라 그 구조를 이해하기 쉬웠다라는 것에 있다고 생각된다. 그러나 그 이전에 송나라의 심괄은 이미 화석의 기원과 더불어 지질학적 과정에 대한 설명을 제시한 적이 있다.

고생물학은 필연적으로 지금까지 지구상에 존재했던 적이 있는 모든 생물에 대한 연구이나, 이미 멸종된 생물에 대한 연구일 경우 어쩔 수 없이 화석 기록을 통해 연구할 수밖에 없다. 따라서 화석으로 남지 않은 생물에 관한 사항은 미지수로 남을 수밖에 없다. 화석으로 남은 종들 중에서도 특별히 대중적 관심을 끄는 대상은 공룡과 고인류이다.

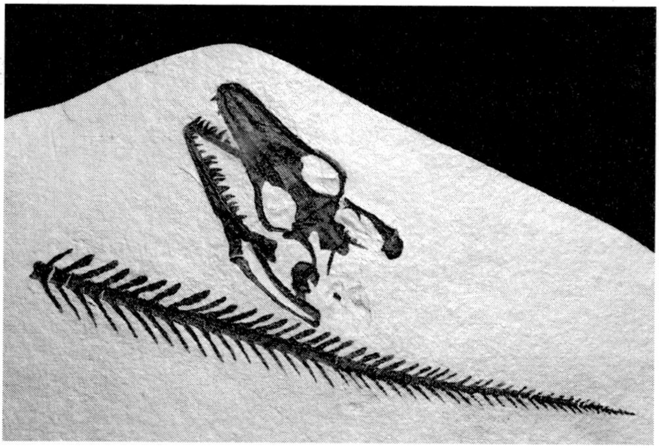

고생물학에서 밝혀낸 생물의 번영과 멸종은 지질학적인 시간을 구분하는 결정적인 기준이 된다. 대표적으로 공룡의 멸종을 경계로 하여 백악기와 제3기가 나뉘며, 삼엽충을 비롯한 많은 고생대형 생물의 대량멸종을 기준으로 하여 페름기와 트라이아스기가 구분된다. 국내에서 일반적으로 알려진 부정합을 통한 지질시대의 분류는 사실과 맞지 않다. 부정합 자체가 시간적 공백을 의미하기 때문에, 연속적 시간에서 구분점을 찍어야하는 지질시대 분류에는 이용될 수 없다. 어느 지질학적 시기의 끝과 시작은 연속된 퇴적물에서 특정한 생물의 화석이 나오기 시작하는 층으로 정해지는데, 이러한 지점을 황금못(golden spike)이라고 한다. 못을 박아서 그 위치를

남기고 싶어 하는 지질학자들의 염원이 표시된 것이라 볼 수 있다.

■ 생화학

생물체 내에서 이루어지는 화학반응, 생물체의 물질 조성 등을 화학적인 방법으로 연구하는 화학의 한 분야를 말한다. 생물화학이라고도 하지만 보통 줄여서 생화학이라고 한다. 생물체를 대상으로 하는 화학이라는 점에서 생물학의 한 분야라고도 할 수 있어, 생물학과 화학의 두 영역에 걸쳐 있는 학문이라고도 할 수 있으며, 화학에서 탄수화물이나 단백질과 같은 탄소화합물을 연구대상으로 하는 분야인 유기화학에서 분화되었다고 볼 수 있다.

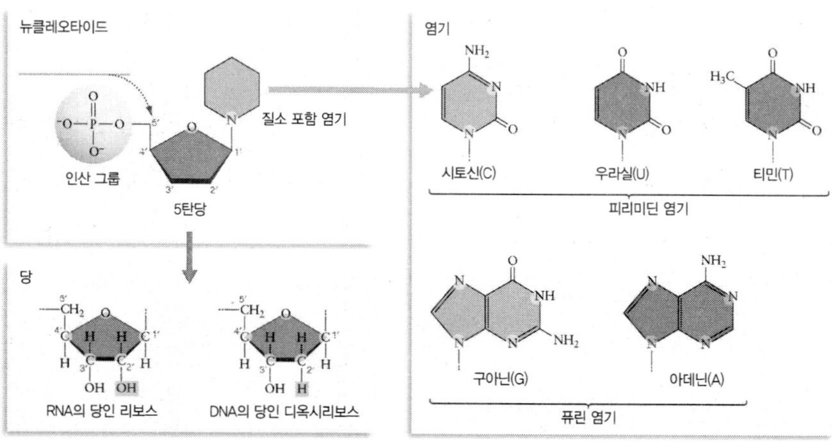

그림 2.17 뉴클레오타이드의 구조

생화학은 단백질, 탄수화물, 지질, 핵산과 같은 세포 구성물질의 구조와 기능에 중점을 두고 있다. 고전적이고 좁은 의미에서의 생화학은 특히 효소가 매개하는 반응과 그 산물(product)에 대한 화학적 연구를 의미한다. 현대적 의미로는 생명현상을 매개하는 분자들에 대한 화학적 연구를 지칭한다. 고전적인 생화학 연구를 통해 사람들은 세포 내 물질대사과정에 대해서 상세한 정보를 얻고 해당작용이나 TCA(tricarboxylic acid cycle)회로와 같은 물질대사에 대한 폭넓은 이해를 얻게 되었다. 최근의 연구 경향은 DNA, RNA, 단백질의 합성, 세포막과 물질수송 신호전달체계 등 세포 내에서 분자들의 모든 활동을 포함한다.

■ 유전공학

유전자를 조작하여 인간에게 이로운 산물을 얻어내는 공학이다. 1970년대에 들어서면서 경이적인 과학기술의 하나로 큰 주목을 받았다. 이 분야의 주요 기술로는 재조합 DNA 기술(recombinant DNA technology), 세포융합기술, 핵치환기술 등이 있다. 재조합 DNA 기술에 의하여 인공적으로 재조합유전자를 만든 최초의 보고는 1972년 잭슨 등이 제출하였고, 인공적 재조합유전자를 이용하여 숙주세포에서 형질을 발현시키는 데 최초로 성공한 것은 1973년 F.J.코벤 등이다.

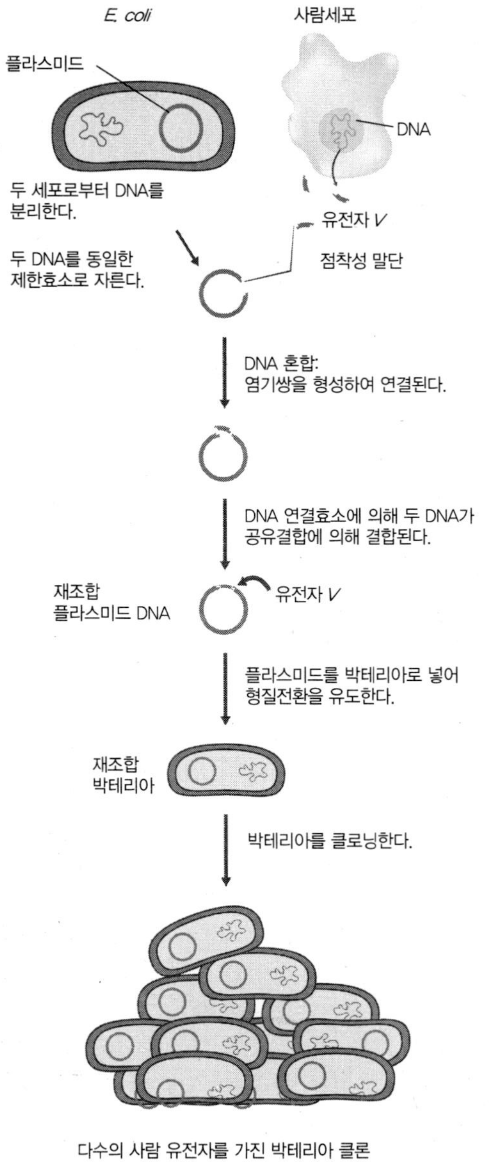

그림 2.18 플라스미드를 이용한 유전자 클로닝

재조합 DNA 기술은 박테리오파지와 플라스미드에 관한 연구와 DNA에 작용하는 효소들, 특히 제한효소와 DNA 리가아제에 관한 연구 등에 의하여 발견된 업적들이 직접 기여하였으며, 또한 그 이전부터 꾸준히 계속되어 온 유전과 분자생물학에 대한 연구결과가 바탕이 되었다.

유전공학의 활용

- 유전공학은 유전자 재조합의 원리를 이용하여 임의로 생물의 DNA를 이와 다른 DNA에 결합시켜 얻고자 하는 물질을 얻는데 주로 활용되고 있다. 이 기술이 가능했던 이유는 DNA을 단편으로 절단하는데 필요한 각종 제한효소의 발견, 이를 연결하는 DNA 연결효소의 발견, 플라스미드와 같은 벡터에 대한 지식 등 분자생물학 연구의 많은 성과와 결과가 관여했기 때문에 가능했다.
- 일반적으로 인간의 질병을 치료하기 위하여 사용되는 단백질은 인간에게서만 얻어 쓸 수 있다(면역학 참조). 따라서 과거에는 극히 소량의 단백질만을 얻을 수 있었던 단백질들을 현재는 유전공학을 이용하여 대량으로 얻어낼 수 있다(예: 인슐린, 성장호르몬 등).
- 식물 또는 가축의 특성을 선택하기 위해 사용되어 온 고전적인 육종기술은 확률에 의존하며 교배 후 안정적인 형질군을 얻어낼 때까지의 시간이 대단히 오래 걸린다. 이에 비해 직접적인 유전자 변형에 의한 새로운 형질의 도입은 대단히 빠르게 수행할 수 있다. 유전공학을

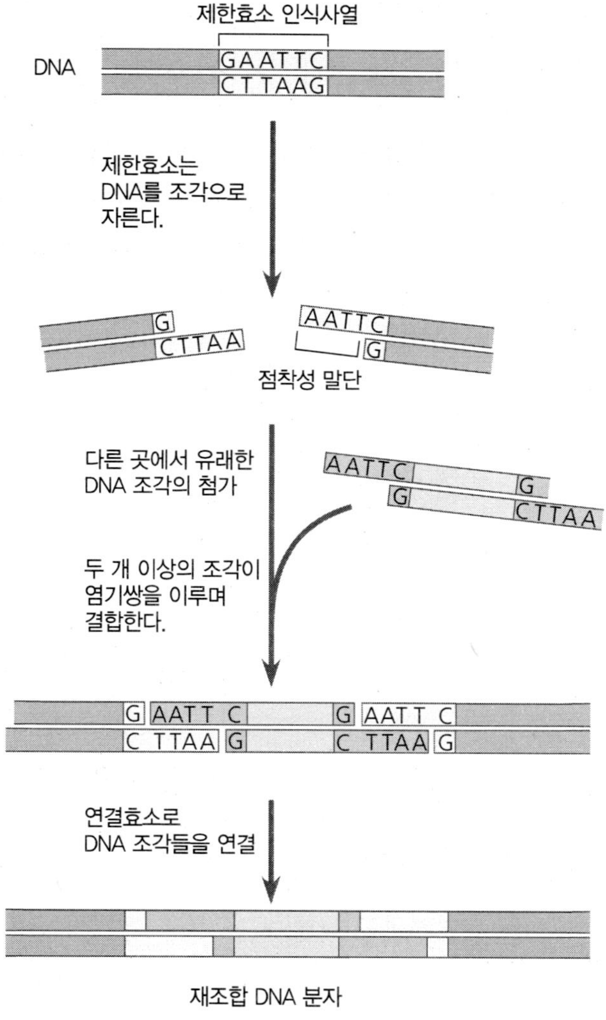

그림 2.19 동일한 제한효소를 이용한 서로 다른 두 가닥 DNA 조각의 재조합

통해 만들어진 새로운 식물 또는 가축을 유전자변형생물(genetically modified organism, GMO)라고 부른다. 이러한 유전자변형생물을 도입하는 데에는 여러 가지 생태학적 문제가 발생할 가능성이 있으며, 선진국과 개발도상국 간의 경제적인 문제 또한 일으킬 수 있으므로, 이에 관해 많은 정치적, 윤리적, 사회적 그리고 도덕적 논란이 있다.

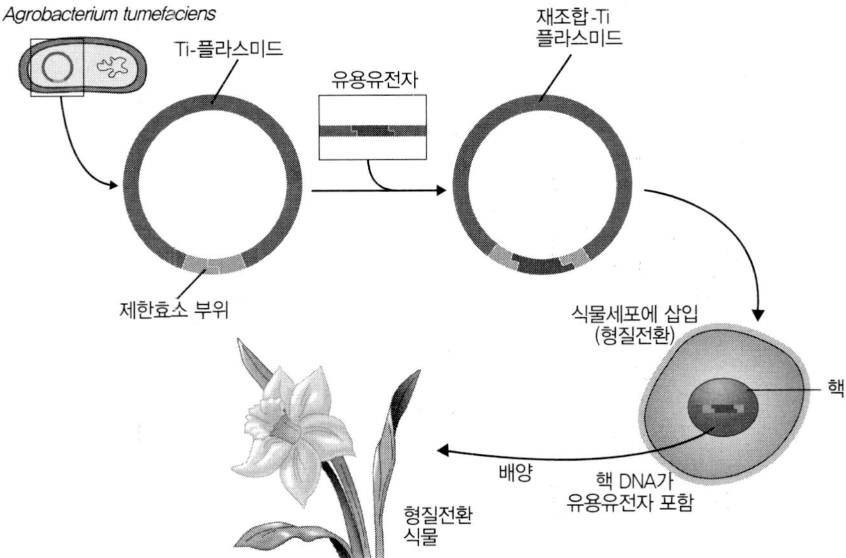

그림 2.20 형질전환식물의 제조를 위해 Ti–플라스미드를 사용하는 실험방법.

■ 생명공학

생물의 유전정보, 생장, 번식을 통제하고 조작하는 기술을 연구하는 학문이다. 생물학, 의학, 농학, 정보학에 뿌리를 두며, 화학공학과 연관을 가진 분야도 있다.

생명공학의 연구영역은 크게 미생물, 식물, 동물, 인체 등으로 나눌 수 있다. 미생물의 연구영역으로는 미생물 유전체 해석 및 기능 연구, 미생물 대사물질 이용기술, 미생물을 농업과 환경문제 해결에 적용하는 기술, 발효와 같이 식품에 활용하는 기술 등을 들 수 있다.

식물의 연구영역으로는 식물 유전체 해석 및 기능 연구, 식물조직 배양기술, 식물 이차대사산물 생산기술, 유전자재조합식품(GMO) 등을 꼽을 수 있다. 동물의 연구영역으로는 동물복제기술(복제양 돌리), 바이오신약개발과 실험동물 생산을 위한 동물형질전환기술, 곤충자원 이용기술 등을 들 수 있다. 인체의 연구영역으로는 인간유전체사업, 암 등 난치병 예방과 치료기술, 의료기기 및 의료용 생체재료 기술, 의약품 안전성 평가기술 등을 꼽을 수 있다.

현재의 생명공학은 유전자재조합기술에 기초하여 유전자를 직접 조작하는 방식을 취하고 있으며, 정보통신기술이나 나노기술 등 새롭게 발전하고 있는 기술들과도 융합을 거듭하고 있다. 생물공학의 무진무궁한 발전 가능성을 고려하여 우리나라에서도 적극적인 투자와 지원에 나서고 있다. 실제로 2000년대 들어 정부는 적극 육성해야 할 6대 신기술(6T) 중 하나로 생명공학(BT)을 꼽고 있다. 여기서 나머지 5T란 정보기술(IT), 나노기술(NT), 환경기술(ET), 문화콘텐츠기술(CT), 우주항공기술(ST)을 말한다.

생명공학기술 중 일반인들에게 가장 친숙한 것은 아마도 종자개량이나 GMO일 것이다. 외국의 거대 농업지대에서는 GMO기술을 이용한 특수 작물과 농약을 농업에 활용하여 생산량을 늘리고 있다. 하지만 생명공학기술은 그 위험성도 상당하다. 유럽을 중심으로 한 외국에서는 외국 농업지대에선 생태계 교란문제가 끊임없이 제기되고 있으며, 특히 생명공학에서 연구하는 '줄기세포'는 의료윤리학 상의 논란이 되고 있다.

생명공학의 역사

오래전부터 인류는 음식, 의약품, 생필품, 기호품 등에서 자신에게 필요한 것을 얻기 위해 생물체의 다양한 특징을 파악하고 이용하려는 노력을 계속해왔다. 17~19세기에 현미경을 통한 세포의 발견 등 생물학 관련 지식이 쌓이면서 생물의 다양한 기능을 이용할 수 있는 가능성도 커졌다.

1919년에 최초로 생명공학이라는 용어가 출판물에 등장했고, 1928년에 플레밍(Alexander Fleming)이 최초의 항생물질인 페니실린을 발견했다. 1953년에 이루어진 DNA의 이중나선 구조 발견은 유전자의 작동원리에 대한 이해를 가능하게 하여 생명공학에 획기적인 전기를 마련해주었다.

그 후, 1960년대에 품종개량을 통한 녹색혁명에서 생명공학의 잠재력을 선보였다. 1973년에는 박테리아를 이용하여 새로운 DNA를 만들어내는 유전자재조합기술이 성공하면서 새로운 생명공학의 시대를 열어주었다.

03
생명과학과에 대해서 알아보기

3-1. 생명과학과 소개

생명과학과는 현대 생명과학의 발달에 맞추어 전공 분야를 크게 식물학, 동물학, 미생물학, 유전학 분야로 구분하여 교과 과정을 개설하고 있다. 식물학 분야에서는 식물의 계통적 유연관계를 밝히고, 식물의 생태와 생리에 대한 이해를 높이기 위해서 식물분류학, 식물형태학, 식물생리학, 조류학 등을 학습한다. 동물학 분야에서는 동물의 분류와 생태를 포함하여, 생물학전공에 필요한 세포학, 형태학, 어류학, 동물생리학, 생명의 탄생과 발생의 신비를 다루는 발생학 등을 배우며, 미생물학 분야는 미생물에 대한 기초 지식뿐만 아니라 환경과 식품, 그리고 산업에 대한 미생물의 이용을 폭넓게 이해할 수 있도록 교과 과정을 구성하고 있다. 유전학 분야는 현대 생물학의 눈부신 발전에 맞추어 생명현상의 분자적 이해를 토대로 의학과 농업, 환경 등 다양한 분야에 분자생물학을 응용한 유전공학, 생물공학의 이론과 기술을 소개하는 교과 과정이 개설되어 있다.

생명과학전공의 교육방법은 이론교육, 실험실습, 현장 학습 분야로 구분할 수 있다. 이론교육은 비디오, 컴퓨터와 같은 다양한 교육 매체를 이용해서 이해력을 높이고 있다. 한편, 실험실습은 생명과학전공에서 가장 중요시하는 학습 방법의 하나인데, 현대 생명과학을 연구하는데 필요한 기초적인 실험이론과 기술을 포함하여 다양한 실험을 통해서 문제를 파악하고 해결하는 능력 배양을 목적으로 한다. 현장학습은 생물 교육에서 중요한 역할을 하는 것으로 채집 여행, 동·식물원 방문, 특수 산업시설 견학과 기업 현장실습 등 다양한 프로그램이 마련되어 있다.

3-2. 교육 목표

- 자연과학의 지식을 기초로 응용력을 발휘할 수 있는 전문인 양성
- 과학기술 발전에 기여할 수 있는 전문인 교육
- 과학적 사고력과 탐구력을 갖춘 인재 양성

3-3. 생명과학과에서 배우는 전공과목

- 1학년

일반생물학 I, 일반생물학 II, 전공 및 진로탐색관련 교과목

- 2학년

동물분류학 및 실험, 식물분류학 및 실험, 분자생물학 및 실험, 생화학 및 실험, 분자생물학 및 실험, 일반미생물학 및 실험, 세포학 및 실험, 곤충학, 조직학 및 실험, 식물형태학

- 3학년

동물생리학, 생태학, 식물생리학, 응용미생물학 및 실험1, 조류학 및 실험, 유전학 및 실험, 발생생물학, 육수학, 응용미생물학 및 실험, 환경미생물학 및 실험

- 4학년

면역학, 신경생물학, 생명공학, 생물통계학, 바이러스학, 의학미생물학, 진화생물학, 해양생물학, 유전체학, 면역학

3-4. 교육과정

다음은 신입생을 기준으로 하는 생명과학과의 일반적인 교육과정 예이다. 여기서 다전공이란 복수전공 또는 부전공을 생명과학으로 하고자 하는 학생들이 생명과학에서 개설된 아래의 교육과정을 최소 기준으로 42학점을 이수해야 한다는 의미이다.

졸업최저 이수학점	130학점	교양최저 이수학점	44학점	전공최저 이수학점	단일전공	60학점
					다 전 공	42학점

학년	학기	학수 번호	교과목명	학점 학점	강의시수			이수구분
					이론	실습	계	
1	1	DE095	생명과학전공 및 진로탐색	1	1	0	1	전필
2	1	DE101	동물분류학 및 실험	3	2	2	4	선필
2	1	DE014	분자생물학 및 실험	3	2	2	4	선필
2	1	DE215	생화학 및 실험	3	2	2	4	선필
2	1	DE104	식물분류학 및 실험	3	2	2	4	선필
2	1	DE751	일반미생물학 및 실험1	3	2	2	4	선필
2	2	DE641	곤충학	3	3	0	3	선필
2	2	DE204	세포학 및 실험	3	2	2	4	선필
2	2	DE717	식물형태학	3	3	0	3	선필
2	2	DE752	일반미생물학 및 실험2	3	2	2	4	선필
2	2	DE007	조직학 및 실험	3	2	2	4	선필
3	1	DE718	동물생리학	3	3	0	3	선필
3	1	DE020	바이러스학	3	3	0	3	선필
3	1	DE719	식물생리학	3	3	0	3	선필
3	1	DE724	응용미생물학 및 실험	3	2	2	4	선필
3	1	DE217	조류학 및 실험	3	2	2	4	선필
3	2	DE725	발생생물학	3	3	0	3	선필
3	2	DE021	분자유전학 및 실험	3	2	2	4	선필
3	2	DE022	생명과학 개별진로연구	1	1	0	1	
3	2	DE711	생태학	3	3	0	3	선필
3	2	DE755	육수학	3	3	0	3	선필
3	2	EE612	환경미생물학 및 실험	3	2	2	4	선필
4	1	DE634	면역학	3	3	0	3	
4	1	DE023	산업미생물학	3	2	2	4	
4	1	DE645	생명공학	3	3	0	3	
4	1	DE617	생물통계학	3	3	0	3	
4	1	DE727	신경생물학	3	3	0	3	
4	2	DE732	유전체학	3	3	0	3	
4	2	DE017	의학미생물학	3	3	0	3	
4	2	DE729	진화생물학	3	3	0	3	
4	2	DE644	해양생물학	3	3	0	3	

3-5. 진로

생명과학을 전공한 후 나아갈 수 있는 분야는 다음과 같다. 먼저 교육대학원을 졸업한 후 중등교사 자격증을 취득함으로써 중등학교의 교원으로 취업할 수 있으며 일반대학원 석·박사과정을 통하여 학위를 취득함으로써 대학의 교수요원이나 연구원이 될 수 있다. 또한 생물학과 관련된 연구소의 연구원으로서 취업할 수 있으며, 생명과학연구소, 기업체 부설연구소, 환경과학연구소, 원자력연구소 등 매우 다양한 연구소에 연구개발직으로 진출할 수 있다. 그 밖에 병원의 병리사, 제약회사, 식품회사 등 생명과학 관련 분야에 취업할 수 있고 또한 환경기사 자격증을 취득할 경우 환경 관련 연구소나 용역회사 또는 대기업의 환경기사로 취업할 수 있다.

3-6. 졸업생 진로분야

아래는 경기대학교 생명과학 졸업생이 진출한 각 분야를 정리한 것이다.

- 졸업생 진출분야(기업체, 연구소)

생명과학 관련 중소벤처기업 부설연구소, 삼성전자, 한미약품, 에스디, 케이디알, 코람바이오텍, 일송생명공학연구소,

웅비메디텍, 엔케이바이오, 알엔엘바이오, 바이로메드, 랩지노믹스 등

- 대학병원 등 종합병원 내 연구실 서울대, 연세대, 고려대, 차의과대학, 아주대학 등
- 공무원 및 연구원, 연구사, 보건환경연구원, 국립환경과학원, 물환경연구소등 환경직 공무원(7급, 9급 공무원), 원자력연구소, 한국생명공학연구원, 수의검역원(연구사, 연구관) 등, 국립공원 관리공단, 수자원공사 등의 공사
- 국내 대학원의 석 · 박사 과정 진학, 미국, 독일, 영국, 일본, 캐나다 등으로의 유학, MEET, DEET(의,치의학 전문 대학원) 진학 등

04

나에 대해 알아보기

나는 어떤 사람일까? 다음의 상황을 통해 나에 대해 알아보자.

배를 타고 태평양을 항해하고 있다고 생각해 보자. 이 배에는 다양한 부류의 사람들이 타고 있다. 그런데 여행을 떠난 지 7일째 되던 날 조난을 당하고 만다. 다행이 모든 사람들이 구명보트를 타고 인근에 있는 무인도로 피할 수 있었다. 섬은 매우 아름다웠지만, 아무도 살고 있지 않았다. 선장은 구조대가 오고 있으니 늦어도 5일 후엔 구조가 될 것이라고 한다. 사람들은 무섭고 불안한 상황을 극복하기 위해 조금씩 무리를 짓게 되었다. 서로에 대해 관심을 갖기 시작하며 서로를 알아가고 흥미롭게도 비슷한 성향을 가진 사람들끼리 모이기 시작했다.

A 그룹	이 사람들은 신체 능력이 발달되어 있어 운동이나 연장, 기계 사용 등 몸으로 하는 일을 잘 한다. 뚝딱뚝딱 무엇인가를 만드는 것도 좋아한다. 어디서 도구를 발견했는지, 지금도 무언가를 만들고 있다. 사람보다는 사물, 기계, 도구, 식물, 동물들에 관심이 많고 이런 원시자연의 무인도 생활도 잘 적응하는 것 같다.
B 그룹	이 그룹은 관찰하고, 조사하고, 분석하기를 좋아한다. 말 수가 많지는 않지만 모여 앉아서 왜 배가 조난되었는지, 이 섬은 어떤 섬인지를 연구하고 있다. 문제 해결을 위해 정보를 수집하고 해결 방법을 모색하는 일에 능한 사람들이다.
C 그룹	이 그룹의 사람들은 예술적 성향이 강하고 직관적인 사람들이다. 지금도 이 섬의 아름다움을 맘껏 느끼며 즐기는 것 같다. 상상력과 창의력을 동원해 시나 노래를 창작도 한다. 어떤 룰이나 틀에 매여 있는 것은 별로 좋아하지 않는 것 같다. 그림, 음악, 문학 같은 예술분야나 창의력, 아이디어를 다루는데 능하다.
D 그룹	이 사람들은 사람을 좋아하고 사람에게 관심이 많은 부류이다. 조난 순간에도 두려움에 떨고 있는 사람에게 다가가 안심시켜 주는 건 이 그룹의 역할이었다. 또, 이 섬이 어떤 섬인지, 여기서 잘 지내기 위해서는 어떻게 하는 것이 좋은지 이야기해주고 싶어 한다. 누군가를 도와주고, 가르치고, 성장시키는 일을 좋아한다.
E 그룹	이 그룹도 사람을 좋아한다. 사람들을 설득하고 이끌기 좋아한다. 어떻게 하면 이 상황을 모두 무사히 벗어날 수 있을지 회의를 주도한 후 바로 행동에 옮기는 에너지가 높고 리더쉽과 설득력이 강한 사람들이다.
F 그룹	이 사람들은 데이터 분석이나 수학적 능력이 뛰어난 사람들이다. 배에 몇 명이 탔고, 어떤 사람들이 탔는지 제일 잘 알고 있다.'무인도에서 살아남는 법'이라는 책이 있다면 구해서 그대로 할 사람들이다. 살아남기 위해 매뉴얼도 잘 남겨 놓을 것 같은 사람들이다.

질문 1) 이 섬에서 당신은 어떤 그룹의 사람들과 가장 편하게 오랫동안 지낼 수 있을 것 같아요?

질문 2) 구조대가 도착했는데 구조선이 작아서 두 그룹만 먼저 탈 수 있다면 그리고 여러 가지 이유로 당신이 이 섬에 일주일 동안 더 있기로 했다면 당신은 어떤 그룹의 사람들과 함께 있고 싶나요?

아래의 각 그룹 코드를 참조하여 위의 질문에 대해 내가 선택한 코드는 무엇인가?

A 그룹	B 그룹	C 그룹	D 그룹	E 그룹	F 그룹
현실형(R)	탐구형(I)	예술형(A)	사회형(S)	진취형(E)	관습형(C)

선택한 그룹이 나의 직업 흥미 유형이다. 내가 어떤 유형의 사람인지가 아니라 내가 함께 하고 싶은 사람들을 선택한 것이다. 하지만 이 방법은 홀랜드(Holland)의 이론을 쉽게 설명한 것인데 사람들은 자신과 비슷한 사람들을 좋아한다는 전체를 가지고 있기에 하나의 직업군에 있는 사람들은 유사한 성격을 가지고 있다고 생각해도 좋을 것이다.

대부분의 사람들은 위의 여섯가지 성격 유형인 현실형(realistic), 탐구형(investigation), 예술형(artistic), 사회형(social), 진취형(enterprising), 관습형(conventional)로 설명될 수 있으며, 근무환경, 또한 현실형, 탐구형, 예술형, 사회형, 진취형, 관습형으로 분류되는 여섯 가지 유형 중의 하나로 분류될 수 있다.

〈코드 설명〉

유형	설명
현실형(R)	기계를 조작하는 능력이나 신체적 운동신경이 발달되어 있어 기계나 기구들을 가지고 일하는 것을 선호한다. 이들은 사람과 함께 일하는 것보다 물건들을 다루며 일하는 것을 더 좋아한다.
	핵심어: 정직함, 단순함, 실용적, 말 수 적음, 혼자 일하기, 기술자
탐구형(I)	분석력과 수학, 과학적 능력이 있으며 탐구하고 연구하는 직업을 갖고 싶어한다. 이들은 독립적인 업무 환경을 선호하여 혼자 일하는 것을 좋아하며 사물이나 문제의 본질을 연구하고 이해하는 것을 좋아한다.
	핵심어: 분석적, 지적 호기심, 비판적, 독립적, 내향적, 섬세, 이성적, 나서기를 싫어함.
예술형(A)	예술적 재능을 가지고 작품을 창작하거나 상상력을 이용한 작업에 흥미를 느낀다. 반복적인 일을 하거나 규칙, 규범이 많은 근무 환경에서는 스트레스를 받는다. 창의력을 갖고 새로운 것을 만들어 내거나 아이디어를 도출해 내는 일을 좋아한다.
	핵심어: 풍부한 표현력, 감정적, 상상력, 충동적, 독립적, 직관적, 개방적, 자유로운 영혼
사회형(S)	사람들과 함께 어울리는 것을 좋아하고 어떻게 하면 사람들과 잘 지내며, 내가 어떤면에서 도와 줄 수 있는지에 항상 관심을 가지는 유형이다. 기계를 만지거나 기술적인 일을 하는 것보다 사람들을 돕고, 가르치며, 상담하는 것을 좋아한다. 독립된 환경에서 일하기보다 사람들과 함께 일하는 근무환경을 선호한다.
	핵심어: 따뜻함, 친절, 협조적, 참을성이 많음, 책임감, 사교적, 이해심, 다정다감
진취형(E)	리더쉽이 있으며 사람을 설득하고 이끄는 활동을 좋아한다. 돈과 권력에 관심이 많으며. 다른 사람들에게 영향력을 미치는 것을 좋아한다. 이 유형은 과학적 주제들을 탐구하기 보다는 사람들을 설득하고 감독하는 일을 더 선호한다. 성취 지향적이며 모험심이 강하고 야심차다.
	핵심어: 외향적, 충동적, 긍정적, 에너지가 넘치는, 인기 있는, 자신감, 사교적, 리더쉽
관습형(C)	사무능력이나 수적 감각이 뛰어나 외부보다는 사무실에서 정보나 자료를 관리하고 조직화하는 업무를 좋아한다. 이들은 규칙이 없거나 무질서한 업무 환경에 스트레스를 받으며 반복적인 일들에 익숙하다. 확실한 방향이 없는 일은 싫어한다.
	핵심어: 순응적, 양심적, 조심스러움, 효율적, 질서정연, 참을성이 많음, 내성적, 체계 선호

05

생명과학 전공관련 진출분야와 직업

불과 10년 전만해도 각 대학에 생물관련학과로 생물학과가 거의 동일한 이름으로 개설되었는데 이후로 생물학과는 생명과학과 등으로 개명이 되어 현재에는 생물공학과, 바이오공학과 등으로 기초학문처럼 보여지는 학과명에서 공학과 관련된 그리고 취업에 유리해 보이는 학과명으로 거의 대부분의 생물학과가 이름을 바꿨다. 물론 앞서 설명한 것처럼, 학습내용과 교과과정도 시대에 맞게 변경되고 있어 어찌보면 생물학이라는 생명원리를 중심으로 이해하고 탐구하는 자연과학에서 이를 기초로 가치를 발굴하고 산업적 효능을 찾는 공학 혹은 기술기반 학문으로 변화하는 것은 아마도 시대정신이 발현되는 과정으로 이해해 보면 좋겠다.

다음은 생명과학과와 관련된 아니면 연관된 학과를 중심으로 각 학과를 졸업하면 진출할 수 있는 분야와 직업(군)을 열거한 것이다. 제시한 학과에는 의학, 치의학, 약학, 보건학 등 생물학 또는 생명과학을 기초로 하는 관련학과도 포함하였다. 직업의 경우, 사회적으로 인정된 직업명이 아니더라도 그 단어가 가지는 함축된 의미를 이해하면서 참조해 보기 바란다.

5-1. 생명과학과(생물학과)

진출분야	직업
의약, 환경, 식품, 비료, 화장품, 생명공학 등의 제조, 판매업체, 바이오기기회사, 특허전문인력, 생명공학관련 연구소, 보건환경연구소, 의학관련연구소, 농림수산관련 연구소, 해양연구소, 국립과학수사연구원, 기업체연구소, 중앙정부 및 지방자치단체 생명/보건/농림수산관련 중앙정부 및 지방자치단체 등	바이오에너지 연구 및 개발자, 변리사, 생명과학시험원, 생명정보학자, 생물학연구원, 이학연구원, 생명과학관련 대학교수 및 교사, 농림수산식품축산관련기술자 등

5-2. 수산관련학과

진출분야	직업
농어촌 및 농수산물 관련 공공기관, 수산식품 생산, 유통 및 가공업체, 수산양식 사료업체, 수산종묘개발장(사설양식사업장), 국립수산과학원, 해양연구원, 식품개발연구소, 기업연구소, 기타 수산관련연구소, 수산관련 중앙정부 및 지방자치단체 등	생명과학시험원, 식품공학기술자, 실업계 교사, 수산관련 대학교수, 해양수산기술자 등

5-3. 산림, 원예학과

진출분야	직업
목재가공업체, 목재수입 및 판매업체, 제지 및 펄프업체, 산림개발업체, 조경산업체, 가구제조업체, 산림휴양시설, 자연환경보존 관련업체, 건축업체, 환경연구단체, 원예 및 조경자재 판매업체, 임목육종연구소, 임업시험장, 산림환경연구소, 원예연구소, 농업기술연구소, 작물특화시험장, 화학연구소, 환경직 및 임업직 중앙정부 및 지방자치단체 등	생명과학시험원, 임업기술자, 임학연구원, 임업원예관련 대학교수, 조경기술자, 조경원(원예사), 조림, 영림 및 벌목원 측량 및 지리정보기술자 등

5-4. 농업학과

진출분야	직업
농어촌 및 농수산물관련 공공기관, 종묘회사, 비료회사, 농약회사, 식품가공 및 유통업체, 농축산물무역회사, 농업기계 및 일반기계 제조 및 판매회사, 육가공회사, 유가공회사, 동물약품개발연구소, 축산설비업체, 식품의약품안전처, 식품개발연구소, 생명과학연구소, 가축위생연구소, 축산기술연구소, 농업관련 중앙정부 및 지방자치단체 등	낙농업관련 조사원, 농림어업관련 시험원, 농업기술자, 농학연구원, 생명과학시험원, 식품공학기술자, 식품시험원, 식품학연구원, 농업계 교사, 임업기술자, 농업학관련 대학교수, 조경원(원예사), 축산 및 수의학연구원, 친환경제품인증심사원 등

5-5. 수의학과

진출분야	직업
동물병원, 동물약품업체, 동물원, 가축위생시험소, 국립수의과학검역원, 축산기술연구소, 식품위생감시원, 국립보건원, 생명과학관련 연구소, 수의학관련 중앙정부 및 지방자치단체 등	공학검역관, 농림어업관련시험원, 생명과학시험원, 수의사, 수의학관련 대학교수, 축산 및 수의학연구원 등

5-6. 애완동물학과

진출분야	직업
동물병원, 사료업체, 화장품회사, 동물훈련기관, 애견미용실, 동물원 등	동물사육사, 동물훈련사, 아쿠아리스트, 애완동물미용사 등

5-7. 식품가공(영양)학과

진출분야	직업
식품공학기술자, 가공식품개발연구원, 식품연구원, 식품소재개발연구원, 관련소비자단체, 식품분석연구원, 자가품질관리업체, 김치연구원, 발표식품연구원, 천연식품연구원, 대중소 식품제조업체 및 부설연구소 등	영양사, 조리사, 위생사, 제과제빵사, 푸드스타일리스트, 체험관리사, 식품업 컨설턴트, 식품연구원, 요리강사, 음식료품감정사, 관련분야 대학교수, 조향사, 한식조리사 등

5-8. 환경(공)학과

진출분야	직업
환경관련공기업, 환경관련전문엔지니어링업체, 환경전문시공업체, 환경오염방지시설운영업체, 환경오염물질분석업체, 폐수 및 폐기물처리업체, 환경영향평가업체, 환경설비장치제조업체, 대기/수질 등 환경공학연구소, 환경연구소, 환경기술연구소, 환경 및 폐기관련 중앙정부 및 지방자치단체 등	기후변화전문가, 대기환경기술자, 도시계획 및 설계전문가, 바이오에너지 연구 및 개발전문가, 변리사, 보건위생 및 환경검사원, 산업안전원, 수질환경기술자, 에너지진단전문가, 위험관리원, 관련전공 대학교수, 조경기술자, 토양환경공학기술자, 폐기물처리기술자, 환경 및 해양과학연구원, 환경공학기술자, 환경공학시험원, 환경영향평가원, 환경컨설턴트 등

5-9. 의학과

진출분야	직업
종합병원, 대학병원, 개인 병/의원, 보건소, 방송사, 신문사 등의 방송미디어업체, 제약회사, 국립암센터, 식품의약품안전처, 국립과학수사원, 의료관련연구소, 관련분야 중앙정부 및 지방자치단체 등	관련분야 대학교수, 의학관련 연구원, 가정의학과 의사 등 전문분야별 의사 등

5-10. 치의학과

진출분야	직업
종합병원, 대학병원, 치과병원, 개인 병·의원, 보건소 등 국립암센터, 식품의약품안전처, 국립과학수사원, 치의학관련연구소, 관련분야 중앙정부 및 지방자치단체 등	관련분야 대학교수, 치의학관련 연구원, 치과 의사 등 전문분야별 의사 등

5-11. 치위생학과

진출분야	직업
종합병원, 치과병/의원, 보건소, 제약회사, 구강용품제조/판매업체, 관련분야 중앙정부 및 지방자치단체 등	의료코디네이터, 관련분야 대학교수, 의약품영업직, 치과위생사 등

5-12. 보건관리학과

진출분야	직업
종합병원, 대학병원, 개인병/의원, 방역업체, 산업안전관리업체, 산업위생관리업체, 식품제조업체, 환경오염측정업체, 보험회사, 보건환경연구원, 식품의약품안전처 등 관련 연구기관, 관련분야 중앙정부 및 지방자치단체 등	보건위생 및 환경검사원, 보험사무원, 산업안전원, 위생사, 의료코디네이터, 의무기록사, 관련분야 대학교수 등

5-13. 임상병리학과

진출분야	직업
종합병원, 한방병원, 보건소, 임상검사센터, 전문검진센터, 제약업체, 의료기기 및 진단시약관련업체 및 연구소, 의료관련연구소, 생명과학 및 생명공학연구소, 관련분야 중앙정부 및 지방자치단체 등	보건위생 및 환경검사원, 생명과학시험원, 관련분야 대학교수, 임상병리사, 임상연구코디네이터 등

5-14. 한의학과

진출분야	직업
한방병원, 한의원, 양방종합병원, 보건소, 국립의료원, 한의학연구소, 식품 및 제약 관련 업체(연구소), 관련분야 중앙정부 및 지방자치단체 등	생명과학시험원, 관련분야 대학교수, 의학연구원, 한의사 등

5-15. 약학과

진출분야	직업
개인 및 대형약국(개업 및 관리약사), 종합병원, 대학병원, 제약업체, 화장품제조업체, 건강식품업체, 전통약제 가공 및 제조업체, 식품의약품안전처, 국립보건연구원, 환경연구원, 제약회사 및 부설연구소, 생명공학연구소, 관련분야 중앙정부 및 지방자치단체 등	약사, 약학연구원, 관련분야 대학교수, 의약품개발자, 한약사 등

06

직무란 무엇인가?

직무란 과업 및 작업의 종류와 수준이 비슷한 업무들의 집합으로써 특히 직책이나 직업상 책임을 갖고 담당하여 맡은 일을 의미한다. 즉 어느 정도 비슷한 업무 내용을 가진 업무 범위 또는 그 업무를 수행하는 직무자의 위치들을 하나의 업무관리 단위로 설정한 것이 직무이다. 이와 같이 여러 업무의 맡은 일로 경영지원, 연구개발, 제조생산, 품질관리, 영업관리, 마케팅, 재무관리 등이 있다. 생명과학을 전공하게 되면 이와 같은 다양한 직무를 선택 할 수 있으며, 이들 분야에서 자신의 자질과 역량을 토대로 전문능력을 발휘할 수 있다. 이 장에서는 사회적으로 그리고 일반적으로 통용되는 직무에 대한 의미와 개요 그리고 역할을 살펴볼 것이다. 또한 해당 직무를 수행하는 데에 필요한 자질과 역량을 제시하였으니 이를 토대로 나에게 적합한 직무가 어떤 것들이 있는지 참조하기 바란다.

6-1. 경영지원직

직무	개요	역할(업무)	자질/역량
기획	- 경영환경분석 - 경영전략수립 및 점검	- 대내외 경영정보 수집 및 분석, 조직내 분석정보 제공 - 회사의 발전과 경쟁우위를 지속적으로 유지, 발전시키기 위한 전략적 방향 설정 - 관련부서의 업무에 적용, 부서간 업무 조율, 관리 및 추진	- 분석력 - 전략적 사고 - 대인관계력 - 창의성 - 표현력
회계/경리	- 회계정보 생성/분석 - 회계결산,세무업무 처리	- 기업회계를 바탕으로 기간별 회계 결산 - 대차대조표, 손익계산서, 재무재표 작성 및 분석 - 세법규정 검토, 각종 세금(법인세/부가세/소득세/지방세 등) 신고 및 납부	- 분석력 - IT 활용능력 - 청렴성 - 수리력
재무	- 자금조달, 운용사업 수행지원 - 자금계획 수립	- 경영전략, 사업계획을 바탕으로 수입/지출을 예측해서 자금조달 운용계획 수립 - 자금조달, 자금운용을 통해 최적의 방법을 통한 자금운용	- 협상력 - 설득력 - 사회성 - 구술력 - 분석력
구대/자재	- 자재, 장비 구매 및 제공 - 원가절감, 생산성향상 - 구매계획수립, 공급업체 관리, 자재관리	- 생산에 필요한 원/부자재의 가격동향, 공급업체동향 등 시장조사 - 원/부자재의 구매, 구매자재의 입출고, 관리 및 보관 - 자재공급업체 관리	- 협상력 - 설득력 - 사회성 - 구술력 - 분석력

직무	개요	역할(업무)	자질/역량
홍보/광고	– 홍보를 통한 기업경쟁력 확보 – 대외: 기업/상품의 광고와 홍보 – 대내: 사내 소통강화활동	– 회사의 가치, 경영활동 등에 대한 대고객 홍보와 관리 – 다양한 대중매체 등을 활용한 언론홍보, 보도자료 작성	– 대인관계력 – 유연성 – 창의력/창의성 – 분석력 – 설득력
인사	– 인재 채용/확보/유지/육성 – 평가/보상/조직관리	– 인사체계와 제도수립(평가, 보상, 육성 등) – 인재관리(채용, 충원, 부서이동 등) – 인재육성(직무교육 등)	– 의사소통력 – 대인관계력 – 유연성 – 분석력 – 판단력
교육	– 사내 경력개발, 교육체계 수립 및 시행 – 교육과정개발/운영/평가 – 자기개발지원	– 장/중/단기 교육수립(인성, 직무, 조직비전 등) – 교육개발/운영(자체개발 및 위탁개발) – 교육효과 분석 및 측정	– 의사소통력 – 대인관계력 – 분석력 – IT활용능력 – 사교력/사회성
총무	– 비품/소모품 및 자산과리 – 사무인프라 조성/관리, 의전업무	– 비품 및 자산관리(부동산, 동산) – 쾌적하고 효율적인 업무환경 유지 – 다양한 조직행사 준비와 의전	– 고객지향성 – 의사소통력 – 대인관계력 – 상황대처력 – 창의력
법무	– 법적 분쟁의 예방/대응/해결 – 소송수행, 법률자문, 법령분석, 지식재산권 관리업무	– 조직과 관련된 소송업무 – 경영에 필요한 법률자문 – 사업수행시 필요한 법률자문 – 지식재산권 관리	– 정보수집력 – 활용력 – 판단력 – 발표력 – 전략적 사고력 – 분석력
비서	– 임원 업무활동 보좌 – 임원 일정관리, 정보관리 및 문서작성, 내방객 접대	– 조직 임원의 일정관리 – 임원의 담당업무 관련 정보관리 및 문서작성 – 임원을 대신한 대내외 의사소통 역할 – 내방객 접대, 사무환경 관리	– 대인관계력 – 성실성 – 의사소통력 – 청렴성 – IT 활용능력 – 외국어능력

6-2. 영업/유통직

직무	개요	역할(업무)	자질/역량
영업/영업관리	- 제품 또는 서비스에 대한 영업 및 영업관리 활동	- 조직의 사업계획과 마케팅을 연계하여 매출목표와 영업계획을 수립 - 관련부서의 협조를 통해 영업, 판촉활도을 전개하고 매출관리 - 새로운 고객의 확보와 관리 및 기존 거래선의 유지와 관리 - 상품정보 수집 및 공유	- 대인관계력 - 설득력 - 의사소통력 - 도전성 - 적극성
해외영업/무역	- 제품의 수입, 수출 및 해외시장 개척	- 해외정보 수집 및 판매전략 수립 - 기업의 해외 판매실적 관리 및 신규 거래처 개척 - 수출입 관리	- 외국어능력 - 국제감각 - 설득력 - 목표지향성
마케팅/상품개발	- 시장환경 분석을 통한 판매전략 수립 - 성과관리	- 판매전략 수립을 위한 시장조사 및 분석 - 제품판매를 극대화하기 위한 마케팅전략 수립	- 분석력 - 창의력 - 전략적사고력 - 수리력
물류/유통	- 제품을 고객에게 전달하는 역할 - 물류계획 및 발송, 입출고관리	- 연간 또는 분기별 물류운용계획수립 - 고객 및 기업에게 적기적소에 물품전달 - 입출고 관리	- 대인관계력 - 유연한 사고력 - 고객지향 - 인내력 - 설득력
판매/매장관리	- 고객과의 접점에서 제품의 판매 및 판매활동 관리	- 제품진열 및 포장 - 입출고관리 및 반품관리 - 고객응대 및 관리 - 매장관리	- 대인관계력 - 유연성 - 고객지향 - 인내력 - 설득력
텔레마케팅/고객지원	전화를 통한 상품판매 및 홍보	- 고객에게 전화를 통한 제품판매 - 고객이 불만처리	- 의사소통력 - 대인관계력 - 문제해결력

6-3. 제조/생산직

직무	개요	역할(업무)	자질/역량
제조/생산 (관리)	제품생산, 인적/물적 생산자원 관리	- 연간 또는 분기별 생산계획 수립 - 생산실행 및 생산에 필요한 인원의 관리 및 외주관리 - 공정관리 및 개선, 원재재 수급 관리	- 대인관계력 - 리더쉽 - 분석력 - 합리성 - 추진력
생산기술	- 생산공정, 설비를 설계및 도입 - 생산설비 관리	- 생산제품의 특성에 맞게 필요한 공정의 설계 및 개선 - 생산설비의 도입 및 개선, 설비 관리 및 정비	- 분석력 - 통솔력 - 창의력 - 문제해결력 - 리더쉽 - 합리성
제조/생산 (기능)	- 부품 등을 활용한 제품의 생산 - 결함 제품의 해결	- 단계별 부품 및 제품의 조립 - 결함제품에 대한 문제해결	- 유연성 - 창의력 - 리더쉽 - 팀원지향 - 통솔력 - 성실성

6-4. 연구개발/품질관리/안전관리직

직무	개요	역할(업무)	자질/역량
연구/ 개발	고객니즈에 부합하는 신제품을 개발 - 기존제품의 수정/보완	- 제품생산 및 관리에 필요한 기술정보 수집 - 제품생산에 필요한 개발계획 수립 및 생산기술의 연구 - 제품개선 및 설계 변경 - 신기술 및 요소기술 개발	- 분석력 - 창의력 - 목표지향 - 도전성 - 합리성 - 분석력

직무	개요	역할(업무)	자질/역량
품질관리	– 품질검사 – 품질보증	– 품질정책 및 계획수립 – 생산제품의 품질관리 및 품질보증 – 작업표준 개발 – 불량률 개선 및 양품관리 – 품질지표 개발 및 생산 적용	– 정보수집력 – 분석력 – 의사소통력 – 전문성 – 리더쉽
안전관리	– 안전시설 설치, 유지 보수 – 관련기관 수검 – 대기/수질/환경오염 방지시설 관리	– 기업의 환경정책 수립 – 환경점검 및 환경 오염방지 시설관리 – 안전/소방/보건 관리	– 분석력 – 대인관계력 – 협상 및 설득력 – 전문성 – 성실성

6–5. IT/전산직

직무	개요	역할(업무)	자질/역량
웹기획/웹마스터	– 인터넷 홈페이지 관리 – 홈페이지의 문제 해결	– 기업에 필요한 인터넷 홈페이지 개발 – 홈페이지내 발생문제 해결	– 유연성 – 창의력 – 목표지향 – 대인관계력 – 창의력
웹디자인	– 홈페이지 디자인 – 방송/영화/게임용 디자인	– 인터넷 홈페이지 디자인 도안 – 홈페이지 활용에 필요한 디자인 및 텍스트 개발	– 유연성 – 창의력 – 목표지향 – IT활용능력
프로그래머	– 시스템분석자가 설계한 내용을 알고리즘을 통해 프로그램 개발	– 컴퓨터 프로그램 논리 또는 알고리즘을 설계 및 개발	– 분석력 – IT활용능력 – 정보수집 및 활용능력 – 대인관계력
통신/기술/모바일	– 웹프로그램 개발 및 유지보수 – 모바일 프로그램 개발 및 유지보수	– 기업에서 필요한 웹프로그램/모바일 프로그램 개발 및 유지보수	– 분석력 – IT 활용능력 – 정보수집력 – 대인관계력

6-6. 서비스직

직무	개요	역할(업무)	자질/역량
승무원	- 차/배/비행기 승객의 사무 - 좌석점검, 안내, 안전 업무	- 항공기승무원, 열차승무원, 선박승무원 등 - 승객에 대한 서비스제공	- 성실성 - 사교성 - 상황판단력 - 인내력 - 조정능력 - 대인관계력 - 국제감각 - 어학능력 - 고객지향 - 상황대처력 - 대인관계력 - 문제해결력 - 목표지향
호텔리어	- 객실 예약, 판매, 접객 홍모업무 - 종사원의 업무관리 - 서비스교육 및 서비스 제공	- 객실 예약업무 및 판매, 식당, 주방, 홍보 등 호텔에서 이뤄지는 각종 활동을 계획하고 종사원들의 업무관리 - 각 부서별 매출증진 전략 수립 및 서비스 향상 및 청결유지 관리 감독	- 성실성 - 사교성 - 인내력 - 어학능력 - 설득력 - 목표지향 - 국제감각 - 대인관계력 - 고객지향 - 문제해결력
금융텔러	- 예금/대출상담, 여신관리 - 창구제반 업무	- 창구에서 일어나는 각종 업무, 고객상담 - 은행의 일반업무(입출금, 예금, 대출, 신용카드, 여신 등)	- 치밀성 - 주의력 - 책임성 - 수리력 - 상황판단력 - 사교성 - 의사소통력 - 대인관계력 - 목표지향

6-7. 전문직

직무	개요	역할(업무)	자질/역량
건축/토목	- 목적성에 적합하게 적절한 재료의 선택 - 실용적, 미적 구조물 시공	- 건물을 세우고 그 방법과 양식 등 기술공학적인 구조물 창작 - 기술, 구조 및 기능을 수단으로 쾌적하고 안전한 생활을 하기 위한 기술적 전개	- 통솔력 - 추진력 - 전문성 - 합리성 - 정교성 - 책임성 - 도덕성 - 분석력 - 리더쉽 - 대인관계력 - 목표/성취지향
광고기획	- 상업적 목적을 위한 광고매체의 활용과 기획	- 글, 그림, 사진, 영상 등을 대중매체 또는 인터넷 등을 통해 다양한 방법으로 소비대중에게 알려 판매를 촉진하는 활동 - 예상구매자에게 상품 또는 서비스 등에 관한 내용을 전달, 설득하여 판매 등의 목적을 달성하고자 하는 업무	- 창의력 - 직감력 - 정확성 - 언어능력 - 상황판단력 - 사교성 - 설득력 - 목표/성취지향 - 창의력 - 정보수집력
기자/ 아나운서	- 신문, 통신, 잡지, 방송 등의 취재, 편집 - 사회, 진행 및 중계	- 보도와 논평 담당 및 편집, 평론 - 정보전달 목적을 가지고 신문 또는 방송프로그램의 운영	- 종합분서력 - 예측력 - 치밀성 - 기획력 - 유연성 - 대인관계력 - 목표/성취지향 - 논리력

직무	개요	역할(업무)	자질/역량
영양사, 조리사	– 영양기법, 응용, 연구, 개발을 통한 영양서비스 제공 – 급식관리, 보건상담	– 피급식인의 건강유지 증진 및 식단작성, 검식 및 배식관리 – 구매원부자재의 검수, 관리, 급식시설의 관리 및 영양지도와 위생교육 – 영양상담, 영양상태 평가, 영양지원 등	– 사교성 – 공감성 – 기민성 – 전문성 – 사회성 – 청렴성 – 신의성실성 – 리더쉽 – 분석력 – 의사결정력

07

생명공학의 이해

2010년 이후로 생명공학산업(바이오)에 대한 우리나라 정부의 연구개발(R&D) 예산이 IT산업보다 더 많이 지원되고 있다. 이것은 바이오사업에 대한 정부의 정책이 IT 만큼이나 바이오산업도 미래 성장동력 산업이 되고 있음을 말하는 것이 아닐까 생각한다.

현재 바이오산업은 의학, 식품, 에너지, 융합, 나노 등 산업 전분야에 적용될 수 있는 허브산업이 되고 있기에 향후 바이오산업의 미래전망은 매우 밝다고 생각한다. 이 장에서는 생명공학(바이오산업)에 대한 정의와 함께 현재 활용되거나 기술개발이 되고 있는 다양한 분야의 바이오산업기술을 정리해 보았다. 개별적인 기술이나 연구내용을 이해하는 것도 중요하지만 전체적인 바이오산업의 숲을 한번 보기를 바라며 이를 통해 여러분의 생명공학이라는 조금 낯선 분야에 대한 이해의 폭이 조금이라도 넓어졌으면 좋겠다.

7-1. 생명공학의 정의

여러분들은 생명공학기술로 만들어 진 프레브 세이버(Flavr Savr)라고 하는 토마토를 먹어보거나 단일클론항체로 치료를 받아본 적이 있는가? 아니면 특별한 유전자의 발현이 억제되도록 조작이 된 '녹아웃(knock-out)' 생쥐를 보거나 배아줄기세포로부터 유도된 생체조직들로 조직이식수술을 받아 본 적이 있는가? 더 일반적인 경우로는 감기주사를 맞아 보았다거나 주변에 인슐린 주사를 필요로 하는 당뇨 환자를 알고 있던지 혹은 집에서 간단히 할 수 있는 임신 테스트를 해 본 적이 있는가? 그리고 상처가 났을 때 세균감염을 막기 위해 항생제를 맞아 보거나 포도주 한 모금을 시음해 보던지 아니면 치즈나 빵을 직접 만들어 본 적이 있는가? 어쩌면 위에 언급된 첫 번째 것들은 경험해 본 적이 거의 없을 수도 있을 것이다. 그러나 두 번째 나열된 것들 중에서는 최소한 한 가지는 경험해 본 적이 있으리라 생각된다. 그렇다면, 당신은 이미 생명공학의 혜택을 충분히 누리고 있다 할 수 있다.

질병과 굶주림이 없고 깨끗한 환경을 갖는 그러한 세상을 상상해 볼 수 있을까? 이러한 시나리오들은 생명공학에 종사하고 있는 사람들이면 모두가 이 분야에 몸 담기 시작하면서 이루고자 꿈꿔왔던 것들일 것이다. 그리고, 설사 생명공학에 대한 과학적 이론들이나 세부적인 것들을 완전히 이해하지 못한다 할 지라도 이미 많은 사람들에게 생명공학은 생활 속에 친숙하게 다가와 있을 것이다. 그렇다면 생명공학이란 과연 무엇일까? 포괄적인 개념으로서는 '생명공학(Biotechnology)'이란 인간이나 인간 주변 환경에 직면해 있는 문제들(질병, 식량 부족 문제, 환경 오염 등)을 해결하거나 산업 생산품을 만들기 위해 유기 생명체뿐만 아니라 그로부터 만들어 지는 생체산물을 이용하는 것으로 정의될 수 있다. 그리고, 앞으로 전개되는 나머지 단원들로부터 역사적으로 중요한 생명공학 발달과정의 신례들과 현대의 일상생활 속에서의 응용사례들을 알아봄으로써 생명공학의 정의와 개념은 좀 더 보완되고 다듬어 질 것이고 이를 토대로 생명공학의 미래를 예견해 볼 수 있을 것이다.

혹자는 생명공학이란 단지 최근에 많은 관심을 불러일으킨 새로운 개념의 과학기술로 생각할지 모른다. 그러나, 놀랍게도 생명공학은 여러 면에서 이미 오래 전부터 알려지고 활용되어 왔었던 과학적 방법들에 근간을 두고 있다. 바로 이어서 설명하겠지만, 생명공학기술의 개발에 있어서 옛 것과 새로운 것의 만남은 생명공학을 가장 빠르게 발전하면서 대중에게 지대한 관심을 불러일으키는 흥미진진한 과학의 한 영역으로 자리잡게 해 주었다. 그리고 시간이 갈수록 그 중요성은 더욱 더 부각될 것이고 21세기는 소위 '생명공학의 황금시대(century of biotechnology)'로서 생명공학은 최고의 전성기를 맞게 될 것이다.

■ 생명공학의 역사

만약 주변의 친구들이나 가족들에게 생명공학이 무엇인지를 물어보았을 때 그 대답들은 실로 놀라운 것들일 수 있다. 그들은 전혀 생명공학에 대한 개념조차도 이해를 못할 수도 있고 아니면 하얀 실험가운을 걸치고 심각한 표정을 지으며 값비싼 장비들로 가득 찬 실험실에서 난해한 유전자 클로닝 실험을 수행하는 것으로 연상할 수도 있다. 그리고 좀 더 깊은 내용들을 묻는다면 그들은 어떤 원리들에 의해서 이러한 실험들이 수행되어 지고, 어떠한 중요한 정보들이 그것들로부터 얻어지는지, 그리고 이러한 지식들이 실제로 어떻게 사용되는지 등에 대해서는 전혀 대답도 할 수 없을 것이다. DNA 클로닝과 유전자조작기술들이 현대생명 공학기술의 산물이라고는 하지만 이러한 기술들은 전혀 새롭게 개발되었던 기술은 아니다. 대부분의 생명공학기술들은 실제로는 이미 오래 전부터 전해 내려오던 과학기술들을 기초로 하여 거기에 새로운 실험방법 등이 접목되어 개선보완된 것들이다. 인간들은 수 천 년 동안 생활에 도움이 되는 여러 가지 종류의 생물체들을 이용해 오고 있었다. 중국, 그리스, 로마, 바빌로니아, 이집트에서는 이미 기원전 2000년 전부터 생명공학기술을 사람들이 이용해 오고 있었다. 단순히 식량을 확보하기 위해 야생 동물을 사냥하거나 들판에서 자라는 식물을 채취하는 것들을 생명공학이라 하기 보다는 야생에서 자라는 양이나 소 같은 동물들을 인간이 이용할 수 있는 가축으로 키우기 위해 길들이는 기술 같은 것이 단순하지만 오래 전부터 내려오는 생명공학의 한 실례가 될 수 있다. 인간들은 오래 전부터 빵, 치즈, 요구르트나 맥주, 포도주 같은 술을 만들기 위해 미생물에 의한 '발효(fermentation)'를 활용해 왔다. 발효 과정 중 어떤 효모균들은 당류를 분해시켜 필요한 에너지를 얻어내고 부산물로서 에탄올(알코올의 한 종류)을 생산해 낸다. 한편, *Saccharomyces cerevisiae*라는 효모균(빵 제조 효모균)은 빵 반죽을 숙성 시키기 위해 빵 제조과정 중에 첨가되는데 효모균이 빵 반죽으로부터 얻을 수 있는 당(sugar)을 발효시키면서 이산화탄소를 발생시키고 이것이 반죽을 부풀어 오르게 하면서 빵에 구멍을 만들어 내는 것이다. 숙성 과정 중 효모균이 생산해낸 알코올은 빵을 구울 때 대부분 증발해버리고 그 잔여물들이 빵의 달착지근한 맛 속에 베어있게 되는 것이다. 아마도 집에서 직접 빵이나 피자 반죽을 만들어 본 적이 있다면 반드시 상점에서 구입해온 효모균을 반죽에 첨가했었을 것이다. 이러한 과정들은 이후의 미생물 생명공학을 다루면서 보게 되겠지만 요구르트, 치즈, 그리고 여러 음료수들을 제조하는 데에도 매우 중요하다.

수 천 년 동안 인간은 식량 자원으로 이용해 온 곡류와 가축의 생산을 증대시키고 개선하기 위해 '선택적 교배법(selective breeding)'을 이용해 왔다. 이 방법으로 유용한 유전형질을 지닌 개체들 사이에 목적에 따라 의도적인 짝짓기가 이루어져 부모세대와 비교하여 동일하거나 우세한 유전형질을 지닌 자손들이 생산될 수 있었다. 예를 들면, 크고 달면서 씹기에 부드러운 옥수수 품종을 상호 교배법(cross-breeding)을 통하여 만들어 낸다면 이는 농부들에게 있어서는 이윤을 극대화 시킬 수 있는 바람직한 방법 중에 하나일 것이다. 유사한 육종기술들이 칠면조, 소, 닭, 돼지와 같은 농장에서 사육하는 동물들에 이용된다. 또 다른 경우로는 식용으로 이용할 수 없는 야생 상추나 양배추 같은 식물 종들을 인간이 먹을 수 있고 재배할 수 있는 식물들로 수 세대에 걸쳐 육종하는 것이다. 농업과 축산업등에 이용되고 있는 이러한 육종방법들은 전적으로 유전학적 원리를 응용한 고전적 생명공학기술이라 할 수 있다. 이처럼 인간은 기본적인 과학적 원리를

그림 7.1 선별 육종법은 오늘날에도 여전히 사용되고 있는 가장 오래된 생명공학 기술 중의 하나이다

알지 못한 상황에서 잘 계획된 실험설계 없이도 그리고 비싸고 정교한 현대적 장비를 갖춘 실험실과 전문가들 없이도 수백 년 동안을 생물체의 유전자를 조작해 오고 있었던 것이다.

인간들은 바람직한 유전형질을 가지고 있는 식물과 동물들을 선발함으로써 유용한 유전자를 갖는 개체들을 육성하여 이용하여 왔다. 2006년 미국 캘리포니아의 애완동물 관련 Allerca Lifestyle Pets이라는 회사에서 과학자들은 선택적 교배법을 이용하여 고양이의 타액과 표피털에 존재하는 엘러지(allergy) 유발 단백질의 변종형을 선천적으로 체내에서 생산해 낼 수 있는 고양이를 육종해 내었다. 정상형 단백질은 고양이에 민감한 사람들에게는 엘러지 반응을 야기시키지만 변종형 단백질은 무해한 것으로 알려져 있다. 엘러카사는 개발된 고양이를 세계 최초 엘러지를 일으키지 않는 고양이로 선전했고 타임 매거진은 이 고양이를 그 해 최고의 발명/개발품으로 기사화 했다. 그러나 이와 같이 생명공학적으로 만들어진 고양이가 고양이 엘러지를 가지고 있는 애완동물 애호가들에게 과연 어느 정도의 인기를 끌지는 두고 보아야 할 일이다.

세계적으로 가장 잘 알려져 있는 생명공학기술의 응용실례 중의 하나가 바로 항생제(antibiotics)이다. 1928년 알렉산더 플레밍은 사람에게 피부병을 야기시키는 '*Staphylococcus aureus*'라고 불리 우는 병원성 박테리아의 성장이 '페니실리움(penicillium)'이라는 곰팡이에 의해 억제되는 것을 발견하였고, 이에 대한 심층적 연구를 통해 '페니실린(penicillin)'이라는 항생제를 발견하고 이를 정제하는데 성공하였다. 항생제는 원래 미생물이 다른 종의 미생물이 성장하지 못하도록 분비하는 화학물질이다. 1940년대에 페니실린은 세균감염을 치료하는 의학품으로 널리 사용되었으며 1950년대와 1960년대에는 생화학과 세포생물학의 발달로 인해 다양한 종류의 미생물들로부터 다량의 항생제를 정제해낼 수 있는 기술이 개발되었다. 소위 'Batch process'라고 불리 우는 세포대량배양법을 미생물에 도입하여 상업적으로 가치 있는 물질들을 대규모로 분리해 낼 수 있는 방법을 개발해 낸 것이다.

한편, 1960년대 이후로는 유전학과 분자생물학의 급속한 발달을 통해 생명공학에서는 새롭고 흥미로운 기술의 개발 및 응용들이 이루어지게 된다. DNA 구조와 기능이 밝혀짐에 따라 관심 있는 유전자들을 찾아내어 그들의 복사체를 다량으로 만들어 낼 수 있는 '유전자 클로닝(gene cloning)'과 생물체의 DNA를 인위적으로 조작할 수 있는 '유전공학(genetic engineering)'이 탄생하게 된다. 유전공학적 기법들을 통해 과학자들은 서로 다른 생물체에서 기원한 DNA 조각들을 인위적으로 잘라서 함께 붙일 수 있게 되었는데 이를 '재조합 DNA 기술(recombinant DNA technology)'이라 부른다. 이 기술을 통해 인간성장호르몬, 인슐린, 혈액응고단백질 등의 다양한 의학적 가치가 있는 단백질들을 생산해 낼 수 있었다. 재조합 DNA 기술은 개발 초기부터 생명공학의 여러 중요한 분

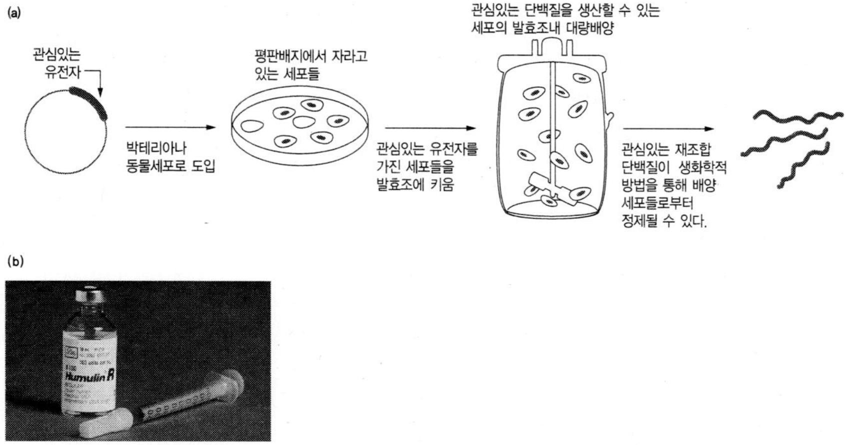

그림 7.2 특이 단백질 생산을 할 수 있는 유전자조작세포의 배양

야들 중에서도 단연 우위를 차지하며 활용되어 왔으며 병 저항성 식물, 생산량이 증대된 과일 및 채소류, 다양한 영양소를 함유한 황금쌀(golden rice), 그리고 환경오염물질을 분해시킬 수 있는 박테리아의 개발 등 재조합 DNA 기술을 통한 유전자조작으로부터 얻어진 수백 가지의 생명공학 응용제품들이 시장에 나올 준비를 하고 있다.

재조합 DNA 기술은 인간의 유전성 질병들에 대해서도 그 원인이 될 수 있는 유전자들을 발견하여 연구함으로써 인간의 건강 및 보건에 지대한 영향을 미쳐왔다. 그 중 가장 획기적인 연구성과 중의 하나가 1990년에 국제적 공조관계 속에서 시작되었던 '인간유전체계획(human genome project)'이다. 이 프로젝트의 주요 목적은 인간의 유전체(genome)에 해당하는

24개의 인간 염색체 22개의 상염색체(1~22번)와 2개의 성염색체(X와 Y염색체)에 존재하고 있는 모든 유전자들을 알아내고 그 위치를 정확히 파악하는 것이었다. 이 연구 결과를 통해 과학자들은 인간의 질병을 감지해 낼 수 있는 새로운 진단법과 함께 유전병을 치료할 수 있는 분자적 접근방법의 개발에 핵심적인 실마리를 얻어낼 수 있었다.

머리카락 색깔, 눈 색깔, 키나 몸무게 같은 인간 신체의 특징을 이루는 외형적인 형질을 결정지어 주고 더 나아가서는 생명을 유지시켜 줄 수 있는 정상적인 세포의 대사활동을 조절하는 모든 유전자들에 대해서 염색체상에서의 위치를 파악하고 염기서열정보를 당신이 알고 있다는 것을 상상해 보아라. 향후 10년 이후 우리는 역사적으로 가장 중요하고 획기적인 생물학적인 발견들을 경험하게 될 것이다. 인간유전체계획의 결과로부터 얻는 인간 유전체계에 대한 정보들은 가까운 미래에 기초과학 및 의학에 지대한 영향을 미칠 것이다. 인간 유전자들의 기능을 이해한다는 것은 아직도 완전히 밝혀지지 않고 수수께끼로 남아있는 수 많은 생명의 신비로움 중에서 가장 커다란 비밀을 푸는 것이 될 것이다. 과학자들은 인간유전체에 포함되어있는 유전자들을 모두 찾아내어 그들의 조합이나 배열 등에 대한 정보를 구축하는 작업을 거의 마무리를 짓고 그 다음 단계로써 인간이 보유하고 있는 모든 단백질들의 구조 및 기능에 대한 체계적인 정보구축작업을 위한 '인간단백질체계획(human proteome project)'을 착수하려 하고 있으나 실질적으로는 그 이전에 유전체의 수준에서 연구되어야 할 것들이 아직도 많이 남아있는 상태이다.

위에서 알아본 바와 같이 생명공학은 긴 역사를 가지고 있으며 여러 가지 사건들로 점철되어 있다. 그리고 이어서 전개되는 부분들에서는 생명공학의 발달 및 미래에 대해서 다루게 될 것이다. 특히, 수 많은 전문용어들을 접하게 될 것인데 그것들의 정확한 이해를 위해서는 위키페디아 등 인터넷 서핑 등을 통해 보다 자세히 살펴보기 바란다.

■ 생명공학: 다양한 과학 분야가 집적된 통합학문

생명공학을 공부할 때마다 항상 느끼는 것은 여러 다른 과학 분야들의 정보나 지식들이 통합되어 하나의 생명공학 분야를 이룬다는 것이다. 실제로 다른 과학분야들이 생명공학에 공헌한 바는 매우 크다 할 수 있다. 생명공학의 일차적 관심사가 분자생물학을 기초로 한 유전공학기술의 응용이라 하지만 실제로 이것이 포함하는 학문분야는 단일분야에만 한정되어 있는 것이 아니고, 생물학, 화학, 수학, 컴퓨터과학, 공학 그리고 심지어는 철학이나 경제학 같은 인문사회분야로부터의 지식들에 의존하고 있다. 여기에서는 다양한 생명공학 분야 및 각 분야속의 다양한 연구내용을 살펴볼 것이다.

아래 그림은 생명공학에 기여하는 다양한 학문적 영역들을 도식화한 것이다. 생명공학이라는 커다란 나무를 지탱해

주고 있는 '뿌리'영역은 생물체의 기본적 생명현상들을 연구하는 '기초과학' 분야들(생화학, 분자생물학, 유전학 등)로 이루어져 있다. 한편, 기초과학 연구는 컴퓨터과학의 도움을 받아 유전공학의 여러 분야를 만들어 낼 수 있다. 그리고, 나무의

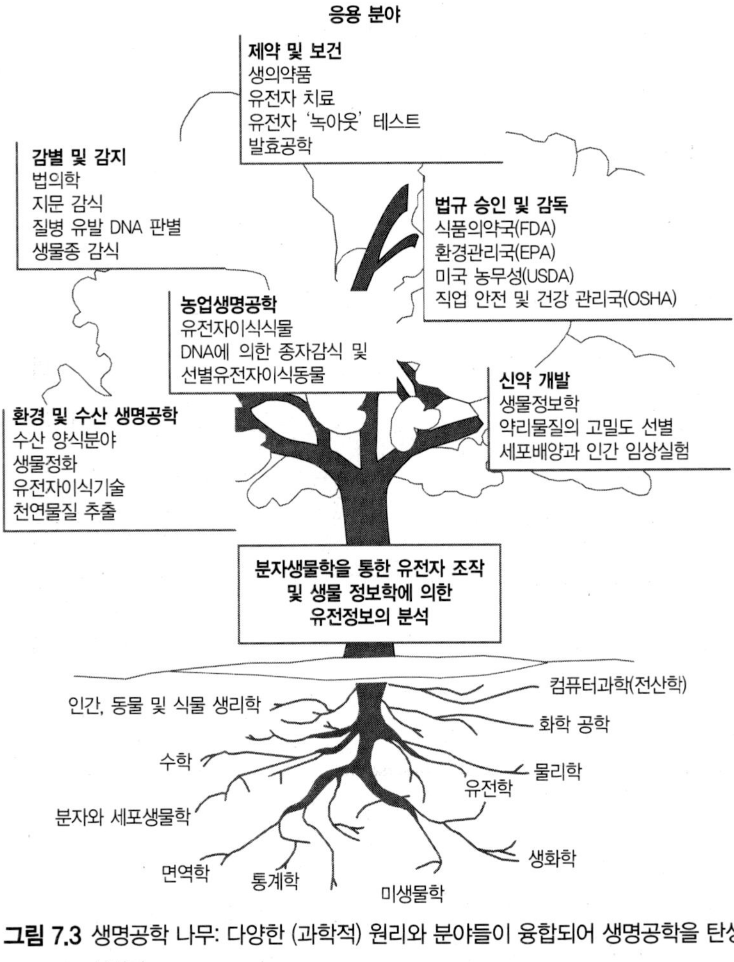

그림 7.3 생명공학 나무: 다양한 (과학적) 원리와 분야들이 융합되어 생명공학을 탄생시켰다.

맨 꼭대기에는 우리가 사는 환경이나 인간들에게 유익할 수 있는 유전공학기술을 이용한 바이오 생산품이나 기술개발 등이 자리를 잡고 있다.

생명공학이 여러 과학분야들의 통합체라는 것은 다음과 같은 단순화된 실례로부터도 요약될 수 있다. 대학, 정부기관 또는 공사기업에서 기초과학 수준에서 미생물 연구를 하고 있는 과학자들이 박테리아로부터 질병치료에 큰 역할을 할 수 있는 유전자나 단백질을 발견할 수 있다. 그리고, 유전자의 기능에 대해 보다 심층적인 정보를 얻기 위해서는 전형적으로는 생화학적, 분자생물학적, 그리고 유전학적 기술들이 이용될 것이다. 특히, 유전자로부터의 염기 서열과 그로부터 생산되는 단백질의 구조 분석을 위해 컴퓨터과학이 활용된다. 이와 같이 DNA와 단백질에 관한 데이터를 분석하기 위해 컴퓨터과학의 기술 및 프로그램 등을 활용하는 분야를 '생물정보학(bioinformatics)'이라 부른다.

일단 유전자에 대한 기초연구들이 완료가 되면 얻어진 정보 및 지식들은 신약 개발, 농업 생명공학, 그리고 환경 및 해양관련 분야에 활용될 수 있다. 생명공학의 다양한 응용들에 대해서는 여러분들이 각 각을 하나씩 자세히 알아가면서 좀 더 확실하게 정리가 될 것으로 믿는다. 다만 이 시점에서 생명공학은 여러 학문 분야들이 합쳐진 종합 과학 분야라는 것을 다시 한 번 기억하기 바란다.

■ 현대 생명공학의 산물들

생명공학이 이루어 낸 획기적인 응용실례들과 생산물들에는 인간생활을 윤택하게 하기 위해 만들어진 것들뿐만 아니라 미생물학, 해양생물학, 그리고 식물학 등등의 다른 과학분야에서 생명공학기술의 응용들도 함께 포함된다. 현재 이용 가능한 생명공학 생산물들은 지금 모두 언급하기에는 그 수가 매우 많지만 대부분의 것들이 건강 및 질병치료에 관한 신약 개발 및 생산과 같이 현재 우리들에게 꼭 필요한 것들이다. 실제로 미국의 생명공학회사의 65%가 약품생산에 관여한다.

1982년 캘리포니아에 있는 제넨텍(genentech)이라고 하는 생명공학회사는 최초로 당뇨병 치료용 재조합 인슐린을 개발하여 판매 승인을 받았다. 200가지 이상의 질병을 치료하기 위해 개발 중에 있는 300종 이상의 생명공학 의약품들과 함께 현재 시판 중에 있는 약품, 백신 그리고 진단용 도구들만 해도 수백 종류가 된다. 개발되고 있는 신약의 거의 절반이 암을 치료하기 위한 것들이다. 가장 많이 팔리고 있는 대표적인 생명공학 의약품들과 개발사들에 대한 정보가 아래의 표에 간단히 정리되어 있다. 판매되고 있는 대부분의 생명공학 생산품들은 에이즈, 심장병, 당뇨병 그리고 암 등의 다양한 질병들에 대한 진단 및 치료관련 의약품들이 주를 이룬다.

표 7.1 가장 잘 팔리는 생명공학기술로 탄생한 연 1조 이상의 매출을 보이는 약품들

약품	개발회사	주요기능(질병치료)
Procrit	Johnson & Johnson	빈혈
Epogen	Amgen	빈혈
Enbrel	Amgen & Wyeth	관절염
Aranesp	Amgen	빈혈
Remicade	Johnson & Johnson and Schering- Plough Corp. Roche Holding Ltd.	관절염
Rituxan	Amgen	Non- Hodgkin 림프종
Neulasta	Biogen Idec Inc.	암환자에서 혈구수 증가
Avonex	Amgen & Roche	다발성 경화증
Neupogen	Sanofi- aventis	암환자에서 혈구수 증가
Lantus		당뇨병

가장 널리 사용되는 생명공학 생산품들의 대부분이 한 생물체의 유전자를 다른 생물체에 인위적으로 도입(삽입)시켜 복사체의 수를 증가시키는 유전자 클로닝을 통해 생산된 단백질들로써 이들을 특히 '재조합 단백질(recombinant proteins)'이라 부른다. 예를 들면, 이러한 단백질들의 대부분이 질병치료용 재조합 단백질을 생산해 내기 위해서 박테리아 유전체에 도입된 인간 유전자들로부터 생산된다.

과학자들은 관심 있는 유전자를 분리해 내어서 이를 '세포배양(cell culture)'에 의해 키운 박테리아나 동물세포에 삽입시킬 수 있다. 세포는 성장을 위해 필요한 영양분들이 첨가된 액체배지가 담겨 있는 플라스크나 용기 속에서 배양될 수 있다. 그러나 작은 배양용기 내에서는 세포의 생장 및 분열되는

세포수에 한계가 있기 때문에 배양되고 있는 세포들은 '발효조(fermenters 또는 bioreactors)'라 불리는 좀 더 커다란 배양 용기로 옮겨지게 된다. 관심 있는 DNA가 삽입되어 있는 세포들 역시 발효조를 통해 대량 배양될 수 있다. 생명공학기술들을 이용하여 과학자들은 관심 있는 유전자가 삽입된 세포를 대량으로 배양증식 시킨 후 그들로부터 삽입유전자가 만들어 내는 단백질들을 순수 분리해 낼 수 있으며 이들은 표 7.2에 수록된 응용분야들에 사용되고 있다.

표 7.2 클로닝된 유전자들로부터 만들어진 재조합 단백질의 사례

재조합 단백질	적용분야
혈액응고제	혈우병 치료
상피세포 성장인자	면역장애환자에서 항체생산 촉진
성장호르몬	송과선장애 및 왜소증 치료 /젖소 우유생산 증대
인슐린	당뇨병 치료
인터페론	암 및 바이러스 감염 치료
인터류킨	암 치료 및 항체생산 촉진
단일항체	암을 포함한 다양한 질병의 진단 및 치료
혈전증 치료제	심장병 치료

가까운 미래에는 '유전자치료(gene therapy)'라는 생물공학적 기법이 질병을 치료하는데 이용될 수 있는데 이 경우는 인체 내로 유전자 도입이 아주 일상적으로 행해진다. 조직거부반응으로 인해 이식수술이 어려웠던 생체조직이나 기관들을 유전학과 생체조직공학기술을 통하여 이식 가능한 생체조직이나 장기로 전환시킬 수 있을 것이다. 한편, 해양생물들을

대상으로 한 생명공학의 생산물들이 암, 심장병 그리고 관절염 등을 치료하는데 사용될 것이다. 궁극적으로 인간유전체 계획으로부터 얻은 정보를 기반으로 하여 현대 의학은 보다 건강한 인간의 삶을 보장할 수 있는 수단을 제공할 수 있으며 어쩌면 더 나아가 인간의 수명까지도 연장시킬 잠재성을 가지고 있다 할 것이다.

■ 윤리와 생명공학

다른 기술공학분야들처럼 생명공학기술 및 그 적용들에 대해서도 윤리적인 관점에서 고려되어야 할 것들이 항상 존재하고 있다. 당연히 모든 사람들이 생명공학의 열렬한 지지자는 아닐 것이다. 생명공학에 관계된 윤리적, 법적 그리고 사회적 문제들은 전세계적으로 과학자, 정치가, 변호사 등의 전문가들뿐만 아니라 일반 대중에게 까지도 커다란 논란의 쟁점이 되고 있다.

살아가면서 언젠가는 당신에게도 직접적인 영향을 미칠 수 있는 그래서 한번쯤은 진지하게 생각해 볼 필요가 있는 생명공학에 관한 윤리적 문제들이 줄 곧 발생할 수 있다. 예를 들면, 생물체 복제가 양, 소, 원숭이 같은 동물에서 이루어졌기 때문에 혹자는 인간복제도 역시 허용되어야 한다고 주장할 것이다. 당신은 여기에 대해 어떻게 생각하는가? 당신과 당신 배우자가 어떠한 이유에 의해서 혹시라도 아이를 가질 수 없다면 복제기술에 의해서 당신의 아이를 얻기를 원하겠는가?

여러분은 이러한 윤리와 생명공학과의 관련문제를 어떻게 풀어야 할 지를 고민해 보았으면 한다.

7-2. 생명공학의 다양한 분야

생명공학의 근간을 이루고 있는 (기초)과학분야들에는 어떤 것들이 있는지에 대해서는 이미 알아보았기 때문에 지금부터는 생명공학의 다양한 세부영역들에 대해서 알아볼 필요가 있을 것이다. 여기서는 각 분야 대한 전체적인 개념들이 소개할 것이다.

■ 미생물 생명공학

미생물 생명공학이 사회에 미치는 영향들에 대해서 알아보자. 앞 부분에서 우리가 알아본 것처럼 맥주나 포도주를 만들기 위해 효모균을 사용하는 것은 생명공학의 응용실례 중에서 가장 오래된 것들 중에 하나이다. 박테리아와 효모균과 같은 다양한 미생물들을 통해 제조공정과정이 단순화됨으로써 대규모의 식품생산이 가능하게 되었으며 환경오염물질인 산업 폐기물들을 더욱 효율적으로 정화시킬 수 있는 효소 단백질과 미생물 균주 개발들이 가능하게 되었다. 채광효율을 높이기 위해 미생물을 이용하여 토양으로부터 기름과 무기광물질을 제거하는 것도 현재 활용되고 있는 미생물 생명공학의 실례이다. 미생물은 유전자 클로닝에도 사용될 수 있고 인슐린과 성장호르몬과 같은 의학용 단백질의 대량생산에도 활용되고 있다.

■ 농업생명공학

소위 '농업생명공학'에서는 유전자 조작을 통해 살충제 없이도 해충에 저항성을 갖는 식물에서부터 높은 함량의 단백질이나 비타민이 포함된 식품들 그리고 식물로부터 유용한 약리물질의 생산 등의 다양한 주제들을 다루기도 한다. 농업생명공학은 미국에서는 이미 수년 전부터 70억 달러 이상의 시장 규모를 차지할 정도로 거대 사업으로 급속도로 팽창하고 있다.

식물에 대한 유전적 조작은 이미 20년 이상 가뭄이나 냉해와 같은 환경 스트레스에 저항성을 갖거나 증대된 수확량을 보일 수 있는 식물들을 유전공학적으로 개발하기 위해 사용되어 왔다. 지난 10년간 진행되었던 연구들을 통해 다양한 식물 종과 식물의 조직들로부터 여러 가지 약리효과를 가진 단백질들을 생산해 낼 수 있는 식물의 개발이 가능하다는 것이 명백히 입증되었다. 식물은 재조합 단백질 생산을 하는데 있어서도 박테리아보다도 더 유용할 수 있다. 예를 들면, 재조합 단백질을 만들어 낼 수 있는 식물을 생산해 내는 비용이 박테리아에서 재조합 단백질 생산 비용보다도 훨씬 저렴하다.

약리물질생산을 위해 식물을 활용하는 것은 '분자농업(molecular pharming)'이라 불리 우는 농업생명공학의 한 응용분야이다. 예를 들면, 담배는 식용이 아니지만 오랫동안 농업과 육종프로그램에서 이용되어 온 주요 식물종이 되어 왔다. 이러한 담배가 잎에서 재조합 단백질을 생산해 낼 수 있도록 유전자 조작이 되어 재배될 수가 있다. 좀 더 자세한 내용은 분자농업을 키워드로 하여 학습해 보기 바란다.

■ 동물 생명공학

동물들은 중요한 (의학용)물질들을 생산해 낼 수 있는 '생물반응기(bioreactor)'이다. 예를 들면, 염소, 소, 양, 닭 같은 가축들이 병균이나 이질 단백질을 인식하여 파괴시키는 면역방어 단백질의 일종인 '항체(antibodies)'와 같은 의학적으로 유용한 단백질 생산의 주요 원천으로 사용되고 있다. 항체 치료는 면역체계에 이상이 있는 환자들에게 있어서 면역성을 개선시키는데 이용되고 있다. 그 외 여러 가지 치료용 단백질들이 동물로부터 생산되어 사용 중에 있는데 문제는 극소량만을 얻을 수 있어 실제 상품화가 되기 위해서는 수백 킬로그램 이상의 대규모 생산이 가능해야만 한다. 과학자들은 이러한 치료단백질의 대량 생산을 위해 치료 단백질을 함유한 모유를 만들어 낼 수 있는 암컷 '유전자이식동물(transgenic animals)'을 만들어 낼 수 있다. 유전공학기술에 의해 유전자이식동물은 다른 생물 종에서 기원한 유전자를 갖고 있다. 예를 들면,

혈액 응고 단백질을 만들어 내는 인간 유전자를 갖는 유전자 이식 암소를 개발함으로써 우유를 통해 단백질의 대량 생산이 가능할 수 있다.

동물은 기초과학연구에서도 매우 중요한 역할을 한다. 예를 들면, 유전자 '넉 아웃(knock-out)'실험을 통해 한 개 이상의 유전자들의 기능이 상실될 수 있는데 이를 통해 어떤 특별한 유전자의 기능에 대한 정보를 간접적으로 얻을 수가 있다. 넉 아웃 방법의 기본적 원리는 어떤 한 유전자를 파괴시켜 기능을 상실케 만들었을 때 동물에서 어떤 생리적, 발생적 기능 등이 영향을 받는지를 알아보는 것이다. 설치류인 쥐들과 다른 동물들에서 발견된 유전자들이 인간 유전체에도 역시 존재하기 때문에 동물에서 유전자 기능에 대한 정보는 인간 유전자 기능을 연구하는데 커다란 도움을 줄 수 있다. 마찬가지로 동물을 대상으로 한 약물 개발 및 테스트 그리고 유전자 치료법을 인간에게도 적용시킴으로써 인간의 질병을 치료하는 새로운 방법들을 개발하는데 커다란 역할을 할 수 있다.

1997년 과학자들과 일반대중들은 스코틀랜드의 로슬린 연구소에서 '돌리(dolly)'라는 복제 양을 만들어 냈다는 발표에 놀라움과 흥분 그리고 한편으로는 우려를 나타내었다. 돌리는 세포핵치환법에 의해 만들어진 최초의 복제동물이다. 인간복제에 대한 가능성을 제시한 돌리의 탄생은 두려움과 걱정을 유발시키기도 했지만 반면에 과학자들은 돌리를 만들어 낸 세포핵치환기술의 의학적 응용에도 커다란 기대를 가지고

그림 7.4 핵치환법에 의해 만들어진 최초의 복제양 돌리(dolly)

있다. 예를 들면, 이 기술은 유전공학기술을 통해 조직거부 반응 없이 인간에게 안심하고 이식될 수 있도록 개발된 생체 기관을 가지고 있는 동물들을 쉽게 복제해 낼 수 있기 때문이다. 생체기관을 필요로 하는 모든 사람들에게 모든 종류의 생체기관들을 즉시 공급해 줄 수 있다면 이는 굉장한 사건이 될 것이다. 그러나 이러한 동물복제에 대해서는 다른 생명공학 기술들처럼 찬성하는 자와 반대하는 자가 모두 존재할 것이다.

■ 법의학 생명공학

오제이 심슨, 아나스타샤 공주, 군대 신병들, 공룡 뼈, 배설물에 있는 박테리아, 오스트레일리아에서 발견된 6만 년 전의 인간화석—이 모든 것들의 공통점은 과연 무엇일까? 이것들은 바로 법의학 생명공학의 분석대상들이다. 'DNA 핑거프린팅(DNA fingerprinting)'은 한 생물체가 가지고 있는 독특하고 유일한 DNA 염기배열을 알아내는 방법들을 총칭하는 것으로써 주로 법의학 생명공학에서 사용되어 왔다. 법의학 생명공학은 범죄 현장에서 발견될 수 있는 아주 작은 생체조직 일부나 머리털, 혈액, 체액 등에서 DNA를 축출하여 분석함으로써 범죄자를 색출해내는 매우 정확한 범죄 수사 방법이다.

1987년 영국에서 강간범을 기소하기 위해 최초로 사용된 이래 지금은 전 세계에서 범죄 용의자를 가릴 뿐 아니라 실제 범죄자를 기소하기 위한 재판 과정에서 증거로써 이용되고 있다. 그 외 DNA 핑거프린팅은 친자소송이나 사체의 신원확인 그리고 멸종 위기에 있는 생물 종들의 보존 작업에도 활용된다. 불법으로 사냥한 동물들의 DNA를 분석함으로써 법을 어긴 사냥꾼들을 잡을 수 있었고 이로 인해 밀렵행위가

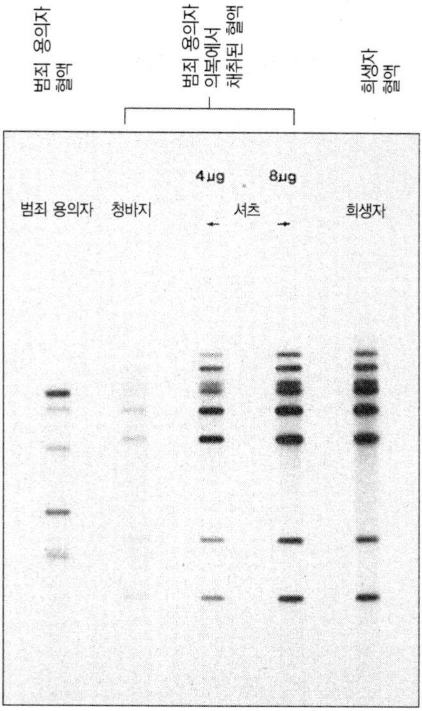

그림 7.5 살인사건 재판에 사용되는 DNA 핑거프린팅

줄었다. 과학자들은 부패된 고기에서 대장균과 같은 병원성 균을 찾아내고 그 종류를 판별할 뿐만 아니라 에이즈(AIDS), 뇌염, 결핵, 웨스트 나일 바이러스, 라임병 등과 같은 질병의 원인이 되는 병원성 박테리아나 바이러스의 진단에 이 기술을 역시 사용하고 있다. 최근에는 한 프랑스 회사가 식품 제조과정 중에 원래 사용해야 할 성분들 대신 값싼 재료들이 사용되었는지 아니면 식용 불가한 동물의 고기가 첨가되었는지 등을 알아볼 수 있는 유전자 발현 테스트 방법을 개발하였다.

■ 생물환경정화

'생물환경정화(bioremediation)'는 생명공학 기술을 이용하여 환경오염을 야기시키는 천연 및 인공 합성 물질들을 분해시키는 생명공학의 한 분이다. 생물환경정화는 주로 미생물 생명공학 기술을 활용하여 산업생산과정에서 생산될 수 있는 환경위험물질들을 깨끗이 제거하는데 이용되고 있다. 1970년대에 아난다 차크로바티(Ananda Chakrabarty)와 그의 연구팀은 원유 성분을 분해시킬 수 있는 박테리아 균 종을 개발하여 유전자변형 미생물에 대한 최초의 미국특허를 획득했다.

실제 응용적 측면에서 성공적인 생물환경정화의 한 실례는 알래스카의 Prince William Sound에 있는 엑손 발데즈(Exxon Valdez) 기름 유출사건에서 찾을 수 있다. 이 경우에서는 알래스카 토양에 이미 살고 있던 기름분해 박테리아의 성장을 촉진시켜줌으로써 수 마일에 걸친 해안선이 화학정화제를 사용했을 때보다도 거의 3배나 빠른 속도로 정화되었고 화학적 처리로 인해 황폐화 될 수 있었던 환경파괴도 극소화시킬 수 있었다. 미생물을 이용한 생물환경정화 과정을 통해 가정 및 공업 폐수가 어떻게 처리되고 금, 은, 코발트, 니켈, 아연 같은 경제적 가치가 있는 금속들이 어떻게 환경으로부터 회수될 수 있는지에 대한 다양한 전략이 제시되고 있고 이 부분은 여러분이 한번 관심을 가지고 조사해 보기 바란다.

■ 수산생명공학

우리 지구의 대부분을 덮고 있는 물을 이용한 생명공학의 가능성들을 생각해 볼 수 있는데 이 중에서 특히 가장 오래된 수산 생명공학은 바로 '수생물배양(aquaculture)'으로써 송어, 연어, 그리고 메기 같은 어종들을 인공적으로 키우는 양식기

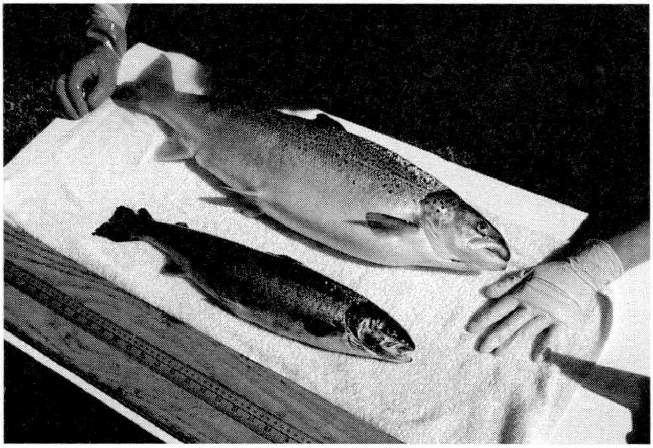

그림 7.6 전망이 큰 수산 생명공학

술을 일컫는다. 수산생명공학은 특히 개발도상국들에서 그 인기도가 점점 높아가고 있다. 최근 통계자료에 따르면 지구상에서 인간이 소비하는 어류의 약 30%가 현재는 수산생명공학을 통해 생산되고 있다고 한다.

최근 몇 년 사이에 수산생명공학에서는 매우 획기적인 신개발들이 개발되고 있다. 예를 들면 유전공학기술을 이용하여 병 저항성 굴을 생산하거나 어종들을 감염시키는 바이러스를 퇴치하는 백신의 개발이 이에 속한다. 연어에 형질전환기술이 도입되어 짧은 생장기간 동안 일반연어보다도 체내의 성장 호르몬 생산이 증대되어 훨씬 크기가 큰 유전자조작 연어가 생산되었고 이를 통해 연어양식 산업에서는 연어를 키우기 위해 기존에 들었던 시간과 비용의 절감이라는 파급효과도 기대할 수 있게 되었다.

그림 7.7 생물정화의 실용화

특이한 수생 생물 종들이 생명공학자들에게는 커다란 호기심과 연구의 대상이 된다. 바다에는 해양 박테리아, 조류(algae), 조개류뿐만 아니라 극한 생존환경에서 살고 있는 수많은 생물체들이 존재한다. 매우 낮은 온도와 압력이 작용하는 심해나 높은 염류 환경은 그 곳에 살고 있는 수생 생물체들에게는 이미 적응과정을 통해 나름대로의 생존전략을 가지고 있기 때문에 커다란 문제가 되지는 않는다. 그러므로, 극한환경의 수생물체들은 새로운 유전자, 단백질, 대사경로에 대한 정보를 얻는 중요한 원천이 될 수 있고 궁극적으로는 생명공학의 연구대상이 될 수 있는 것이다. 예를 들면 어떤 해양 플랑크톤과 바다 달팽이는 종양 및 암을 치유할 수 있는 약리물질의 중요한 원천이 되고 있다. 수생물체를 이용할 수 있는 생명공학의 가능성은 무궁무진하며 현재 심도 깊은 연구들이 진행되고 있다.

■ 의학생명공학

앞에서 살펴본 바와 같이 약이나 재조합 단백질과 같은 의료용 생명공학 생산품들은 '의학생명공학(medical biotechnology)'의 오로지 단편적인 실례에 불과하다. 현재 다양한 범위의 의학생명공학의 응용부분들이 소개되고 있는데 여기에는 예방의학부터 질병과 장애의 진단 및 치료에 이르기까지 인간의 건강과 보건을 위해 개발된 생명공학기술이 모두 포함될 수 있다. 전 세계적으로 거의 32억 5천만 명의 사람들이 생명공학을 통해 개발된 약과 백신의 혜택을 받고 있다. 수 많은 기술들이 개발되고 실제로 이용되고 있지만 21세기 생명공학 시대에서는 다른 어느 때 보다도 커다란 의학생명공학의 진보가 있을 것으로 기대된다.

최근에는 질병유전자의 발견과 같은 생명과학에 관한 획기적인 뉴스들을 자주 접할 수 있다. 모든 대중매체들이 새로운 유전자나 DNA에 관한 새로운 기사를 다루고 있고 인간유전체계획으로부터 얻은 새로운 정보들은 겸상적혈구빈혈증, 테이삭스병, 남포성섬유증 같은 유전병들과 암이나 불임의 원인이 되는 유전자들을 찾아내는데 중요한 실마리를 제공해주고 있다. 인간유전체계획은 이미 유전적 질병 및 장애, 그리고 여러 가지 질병의 원인이 되는 유전자를 찾아낼 수 있는 유전테스트기술 개발을 가능하게 했다.

유전병 환자의 유전체에서 기능이 상실되거나 변형되어 병을 유발시키는 유전자를 정상유전자로 바꿔줌으로써 그 기능을 회복시키고 결과적으로 병을 치유하는 '유전자치료(gene therapy)'가 실제 임상치료에 활용되고 있으며 의학생명공학기술의 실제적 응용실례의 선구자적 역할을 하고 있다. 가까운 미래에 이러한 기술들은 점점 더 일반화가 되리라고 여겨진다. '줄기세포(stem cell)'기술이 최근의 의학생명공학에서 가장 전망 있는 분야이지만 한편으로 이 기술은 과학분야에서 가장 커다란 논란의 대상이 되고 있는 것도 사실이다. 줄기세포는 신경세포, 혈구세포, 근육세포 등과 같은 실질적으로는 신체를 구성하고 있는 모든 조직이나 기관의 구성세포들로 전환될 수 있는 발생학적 운명이 아직 결정되지 않은 미성숙 세포이다. 줄기세포는 실험실에서 배양될 수 있으며 여러 가지 화학물질로 처리되면 인간의 다양한 생체조직들로 분화될 수가 있고 이는 상처를 입은 조직을 치료하기 위한 조직이식에 사용될 수도 있다. 줄기세포의 응용들은 매우 다양하지만 앞서 잠시 말한 것처럼 실제 사용에 대해서는 과학적, 윤리적, 법적인 문제들이 매우 복잡하게 얽혀있다.

■ 관리생명공학

생명공학사업의 매우 중요한 측면 중에 하나가 산업(체)을 통제하는 여러 가지 규칙들이다. 제약회사들이 생산약품의 안정성과 효과를 입증하기 위해 특별한 지침에 기초하여 신약을 평가하는 것처럼 생명공학 생산품들도 역시 실제로 사용되기 전에 조심스럽게 평가되어야 한다. 두 가지의 중요한 규약들은 '품질보증(quality assurance: QA)'과 '품질관리(quality control: QC)'이다. 품질보증은 최종 생산품질을 통제하는 과정들이 모두 포함되며 품질관리 절차에는 항상 정해놓은 기준에 따라 생산품이 만들어졌는지를 검정하기 위한 실험실 테스트와 생산공정 과정을 감독하는 제반 과정이 모두 포함되며 실제로 품질보증의 한 부분이기도 하다. 생명공학 생산품들이 그 순도와 기능들에서 엄격한 기준을 충족시키는지를 검사하는 품질보증 및 관리 그리고 특허획득, 법적 분쟁의 해결, 인간의 신체 및 건강과 관련된 특허품의 임상실험에 요구되는 규정 준수 등의 문제들이 관리생명공학에서 다루는 부분이기도 하다.

■ 생명공학이라는 '커다란 그림'

지금까지 생명공학의 대표적인 분야들을 개별적으로 간단히 알아보았는데 실제로 생명공학의 거의 모든 영역들은 서로 뚜렷이 구별되어 관계성이 없는 독립적 분야들을 유지한다기 보다는 서로가 긴밀한 상호관계를 맺고 있다. 예를 들면, 생물환경정화는 오염된 환경을 정화하기 위해 미생물(공학)에 대부분 의존하고 있다. 의학생명공학 조차도 재조합단백질 생산을 위해 미생물에 의존한다. 생명공학의 진정한 이

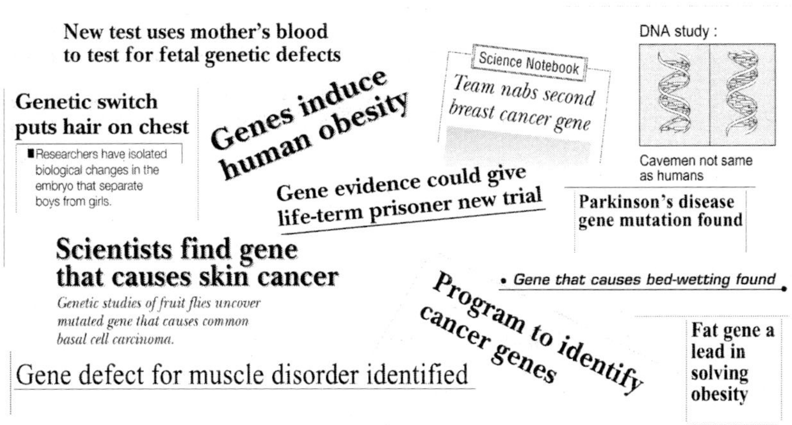

그림 7.8 뉴스의 표제 기사가 된 유전자

해는 바로 이것을 하나의 '커다란 그림'으로 보는 것이다. 즉, 생명공학이 어떻게 과학의 여러 다른 분야들을 포함하며 생명공학의 다양한 영역들이 어떻게 서로 의존하고 있는지를 알아야 하는 것이다. 특히, 상호 의존적인 관계를 맺고 있는 과학분야들은 21세기 생명공학의 시대에 제시된 중요한 문제들을 해결하는데 중요한 역할을 하리라 생각된다.

7-3. 21세기의 생물학적 도전들

생명을 위협하는 질병을 치료하거나 기아문제를 해결하는 등의 오늘날 우리들에게 직면한 많은 문제들은 생물공학에 의해 해결될 수 있을 것이다. 이를 위해서는 무엇보다도 당면한 문제들에 대하여 가장 적절한 생명공학적 해결방법이 무엇인지를 찾아내고 계획하여 실행에 옮길 수 있는 우리 인간들의 실질적인 역량이 뒷받침 되야 할 것이다. 지금 이어서 논의되는 것들은 특히 의학생명공학이 미래의 우리의 삶을 어떻게 바꿀 수 있을지에 대한 몇 가지 전망에 대한 것이다.

■ 신기원의 생명공학 시대는 어떻게 전개될 것인가?

2001년은 생명공학의 발전에 있어서 커다란 이정표의 해였다. 그 해 2월 전 세계적으로 저명한 분자생물학자들로 이루어진 한 연구팀은 인간유전체계획의 주요성과로써 인간유전체정보에 대한 연구결과 발표를 위해 한 회견장에 모였다. 인간 염색체를 구성하는 DNA 사슬을 구성하는 염기배열의 판독이 거의 완성되었던 것이다. 놀라운 사실 중에 하나는 인간유전체를 구성하고 있는 유전자의 수가 원래 예측했던 것보다도 10만개 정도가 적었다. 다른 단원에서 다루웠지만 인간유전체계획은 2003년에 완료되었고 이것은 새로운 차원에서 생명공학의 발전을 일으킨 원동력으로 작용하게 된다.

인간유전체를 구성하고 있는 모든 유전자들의 염색체상의 위치와 그들의 DNA 염기서열을 밝힌다는 것은 복잡한 인간의 유전에 대한 정보와 지식을 심층 확대시키는데 커다란 도움을 줄 것이다. 인간 유전자의 분자적 기능과 이를 조절하는 인자들에 대한 기초연구는 유전자가 생체세포의 활성 및 기능을 통제하는 분자적 기작, 정상적인 유전자의 기능, 결함 유전자에 의한 질병 유발 등을 규명하는데 소중한 실마리를 제공할 것이고 더 나아가서는 인간의 진화에 대한 신비를 밝혀내기 위해 침팬지, 박테리아, 초파리, 선충과 같은 여러 종의 생물체들의 유전자들을 인간유전자와 비교함으로써 인간과 다른 생물종들 사이의 유연관계를 알아낼 수 있다.

인간의 유전병에 대한 보다 진보된 지식은 의학 발달에 커다란 영향을 주게 될 것이다. 그러나, 인간유전체계획이 과연 인간의 질병을 보다 효율적으로 치료하기 위하여 병의 원인이 되는 결함 유전자를 신속하고 간단하게 찾아 낼 수 있는 최적의 방법을 제시하고 있을까? 만약 그렇게 생각한다면, 이는 서로 그물처럼 얽혀있는 생명현상들의 복잡한 연관성을 근본적으로 간과한 것이다. 인간유전체로부터 얻은 과학적 정보들은 인체에 관하여 우리가 풀어야 할 문제들을 즉각적으로 해결해 줄 수 있는 요술구슬은 아니다. 오늘날 생명과학의 발달로 인해 수정란에서 시작하여 뇌의 분화과정까지 인간발생에 관여하는 모든 유전자들의 작용기전이 잘 규명되어 있다고 하더라도 아직도 우리는 어떻게 뇌가 정보를 유추하고 처리하여 기억으로 저장하는 지에 대해서는 전혀 모르고 있다. 인간유전체를 구성하고 있는 유전자들을 찾아내는 작업은 유전자에 의한 병증의 발생 및 감염기작 등을 밝혀내는 연구에서 극히 일부분을 차지한다. 인간유전체계획으로부터 얻은 과학적 정보들은 인간세포의 생명과 활성을 유지시키는데 필요한 단백질들의 총 집합체라 할 수 있는 '단백질체(proteome)'의 신비를 푸는데 활용될 것이며 궁극적으로는 질병과 관련된 유전자와 그 산물인 단백질의 구조와 기능에 대한 연구에 중요한 실마리를 제공하게 될 것이다. 인간유전체와 단백질체의 신비를 밝히는 것은 21세기를 가장 위대한 과학적 발견의 시대로 만들 것이다.

■ 인간유전체계획의 결과를 어떻게 활용할까?

아주 가까운 미래에는 다음과 같은 상황이 쉽게 벌어질 수 있을 것이다. 한 남자가 집 근처 약국에서 약사의 도움을 원하고 있다. 그는 최근에 관절염 때문에 오랫동안 복용하던 약을 다른 약으로 바꾸었으나 새로 바꾼 약은 옛날 약보다도 효능이 못하였다. 그래서 약사에게 "이 약은 가격도 비싸고 옛날에 먹던 약보다도 효능이 못합니다."라고 하니까 약사는 "글쎄요. 약이 때로는 모두에게 잘 듣지 않는 경우가 있죠." 라고 대답했다. 이러한 대화는 현재 우리가 건강 및 질병치료를 위해 사용하고 있는 제약품들이 일반적으로 가지고 있는 문제점을 잘 보여주고 있다. 어떤 약들은 단지 특정한 환자들에게만 효능이 있다. 그렇다면 생명공학은 과연 위와 같은 상황에 처한 환자를 도와줄 수 있을까? 아마도 그 해답은 인간유전체계획으로부터 얻은 정보들의 활용에 있을 것이다.

많은 사람들이 근래에 위의 실례에 등장하는 환자가 접했던 것과 동일한 문제를 경험한다. 여러 환자들의 경험을 바탕으로 처방전 없이 판매되는 약이나 아니면 평범하고 일상적인 처방을 통한 관절염 치료법들은 거의가 모든 환자들에게 동일하게 작용하지는 않는다. 인간유전체정보는 아직 태어나지도 않은 아이들부터 나이든 노인들에 이르기까지 모든 연령대의 사람들에 대해서 빠르고 민감하게 초기에 유전병을 감지 및 진단할 수 있는 실마리를 제공해 왔고 앞으로도 그럴 것이다. 관절염의 경우 우리는 이미 유사한 병증을 가진 여러 형태의 관절염이 있다는 것을 안다. 최근의 유전학적 연구들은 이러한 다양한 관절염들은 서로 다른 유전자들에 의해 유발된다는 것을 밝혀냈다. 관절염 같은 유전병에 대한 보다 발전된 지식의 축적은 인간에게 좀 더 건강한 생활을 영위할 수 있는 기회를 제공해 줄 것이며 한편으로는 병을 치유하는데 있어서도 새롭고 보다 안전하며 효율적인 치료법을 개발해 내는 예방의학의 발달을 가져다 줄 것이다.

그러면 질병 유발 유전자 탐색을 통한 치료법의 개발이 어떻게 이루어질 수 있는지를 알아보기로 하자. 인간유전체계획결과의 활용은 질병 및 장애를 찾아내고 진단하는데 그 진가를 즉각적으로 발휘하였다. 질병유전자를 찾아내는 작업은 과학자들과 의사들이 다양한 유전병들의 징후를 검사하는데 커다란 도움을 주었고 이런 검사들은 앞으로도 더 많은 병들을 찾아내기 위해 계속 진행될 것이다. 그 중에서도 유전병 진단에 커다란 도움을 준 것 중 하나가 바로 '단일염기다형성(single nucleotide polymorphisms; SNPs)'이다. 이것은 인간의 어느 특정 DNA 염기서열에 있어서 개인별 차이를 만들어 내는 DNA 돌연변이나 단일염기변화들을 말한다. 이러한 DNA 구조의 미세한 변화들이 인간이 가지고 있는 유전적 변이의 가장 일반적인 실례이다.

단일염기다형성은 스트레스나 질병에 대한 반응에 영향을 줄 수 있고 겸상적혈구빈혈증 같은 유전병의 원인이 될 수 있는 DNA 염기서열상의 변이를 포함한다. 아마도 이것은 관절염, 심장마비, 암, 심장질환, 당뇨병 등과 같은 병들뿐만 아니라 행동 및 감정 조절 장애들에 관여되는 유전자들까지도 찾아내는데 도움을 주리라 기대된다. 인간유전체계획의 목표 중에 하나가 인간유전체에 대해서 단일염기다형성들을 찾아내서 이에 관한 유전자지도를 만드는 것이었다. 한 국제 연구팀은 인간의 유전변이를 추적하고 연구하기 위해 일반적 지침으로 활용될 수 있는 수백만개의 단일염기다형성들에 대한 위치 및 염기서열 정보 등이 체계적으로 정리된 'HapMap'을 만들고 있다. 어떤 생명공학회사는 이미 270명의 실험대상의 유전체에서 발견된 4백만개 이상의 단일염기다형성을 분석하였다. 이 결과는 유방암을 치료하기 위해 개발된 신약들에서 중요하게 활용될 수 있다. 두 가지의 잘 알려져 있는 유방암 유전자인 BRCA1과 BRCA2는 전 세계에 걸쳐 대략 1700개의 변이를 갖는다. 이 유전자들이 알려지기 전에는 모든 유방암들의 화학치료법에서는 동일한 종류의 세포독성약물이 사용되어 왔다. 오늘날 herceptin, rituxan, glyevec, tarceva 같은 약들은 모두 BRCA1과 BRCA2 검사와 연관된 약물치료를 위해 사용되고 있다.

어떤 사람(환자)의 DNA에 대한 단일염기다형성 검사를 통해 그 사람이 가지고 있을 수도 있는 질병유전자들을 확인하고 찾아낼 수가 있다. 이를 위해서는 환자로부터 채취한 소량의 혈액으로부터 DNA를 분리해 내고 이를 가지고 '유전자 칩(gene chip 또는 DNA microarray)'을 만드는 것이다. 이 유전자 칩을 통해 한꺼번에 수천 개의 DNA 염기서열상의 변이를 확인할 수 있고 얻어진 유전자 칩 데이터를 컴퓨터로 분석함으로써 환자의 DNA가 가지고 있는 단일염기다형성을 찾아낼 수가 있다. 예를 들면 연구자들은 관절염 같은 병에 관여된 유전자들의 특이한 발현양상을 찾아내는데 유전자 칩 결과를 활용할 수가 있다.

단일염기다형성의 발견은 한편으로는 '약물유전체학(pharmacogenomics)'라는 생명공학의 신생분야를 탄생시키는데 일조를 했다. 이 분야는 맞춤형 의료서비스라고도 말할 수 있는데 약물효과를 극대화시키기 위해 각 환자들 고유의 유전정보를 기초로 하여 각 개인에게 제일 잘 맞는 약을 선택하고 이를 치료에 이용하는 것이다. 과연 약물유전체학이 난제로 남아있는 여러 가지 질병이나 장애를 치료할 수 있는 궁극적인 해결책을 제시해 줄 수 있을까? 지금 현재로서는 연구자들은 단지 가능성만을 가지고 추측만 할 뿐이지만 가까운 미래에 인간의 유전정보를 보다 더 효율적으로 활용할 수 있는 방법들이 개발된다면 추측이 아닌 현실로 이루어질 것이다.

약물유전체학은 위에서 실례로 든 이야기 속의 관절염 환자가 처한 문제를 가까운 미래에는 해결해 줄 수 있을지 모른다. 앞서 언급한 바와 같이 수 많은 유전자들이 여러 형태의 관절염에 관여되며 어떤 경우에는 가족의 혈통을 통해 유전이 되는 병으로서 그 유전양상을 명확히 파악하기 어렵다. 그리고 이런 경우는 아마도 또 다른 유전자들이 관여하거나 유전적 요소와는 다른 어떤 특이 인자들이 작용하는 것으로 알려져 있다. 환자의 혈액검사과정에서 채취된 DNA로 유전자 칩 분석과 단일염기다형성을 조사함으로써 환자가 가지고 있는 관절염 유형과 그에 관여되는 유전자 정보를 얻을 수 있을

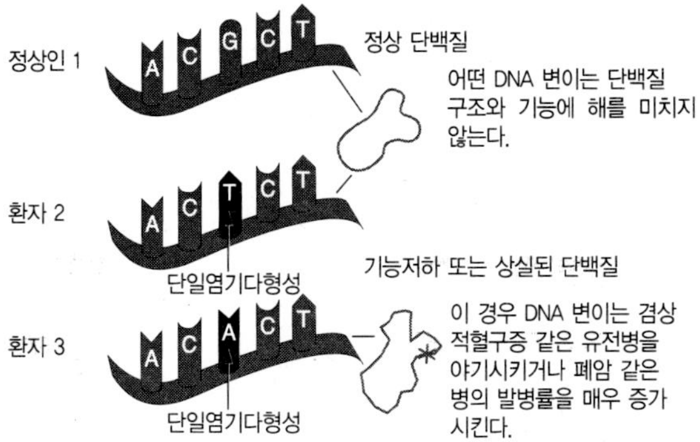

그림 7.9 단일염기다형성

것이다. 그리고 이러한 유전정보로부터 의사는 환자가 가지고 있는 관절염에 가장 적합한 약물치료계획을 세울 수 있을 것이다. 다른 유형의 관절염을 가지고 있는 환자에게는 그 관절염에 특이한 유전정보를 활용하여 또 다른 치료가 주어질 수 있는 것이다. 이것이 바로 약물유전체학이 실제로 치료법에 응용될 수 있는 가장 대표적인 경우이다. 궁극적으로는 모든 사람 각자의 유전체 전체가 지니고 있는 고유 정보가 데이터화되어 저장될 것이고 이것들이 개인별 맞춤형의 치료법을 고안해 내는데 중요한 자료로 활용될 것이다. 한편, 이와 같은 의학(연구나 치료)관련 유전자검사는 철저한 보안 및 비밀보장 그리고 보건의료전달체계를 구축하는 주요 구성요소로써 제공될 수 있어야 하며 반드시 윤리적인 점들을 고려하여 수행되어야 할 것이다.

약물유전체학에 적용되었던 동일한 개념과 원리들이 암과

같은 다른 병들의 경우에도 적용될 수 있다. 암을 치료하기 위해 '화학요법(chemotherapy)'에 사용되는 대부분의 약들은 암세포뿐만 아니라 일반정상세포에도 무차별적으로 작용한다. 탈모, 건피증, 혈구수의 변화, 메스꺼움 등이 화학요법에 의한 정상세포에서의 부작용의 결과들이다. 그러나 만약 정상세포에는 해를 미치지 않고 암세포에만 특이적으로 작용하는 약이 개발된다면 어떻게 될까? 암의 유전학적 특성이 좀 더 심층적으로 연구되어 다양한 종류의 암에 대한 유전 정보에 기초하여 약이 개발된다면 가능할 수도 있을 것이다. 뿐만 아니라 단일염기다형성과 유전자 칩으로부터 얻은 정보들은 암 발병에 대해서 유전적 가족사가 있는 사람에게서 암이 발생되기 훨씬 이전에 특별한 종류의 암이 발생될 수 있는 위험도을 예측해 주는데 중요한 자료가 될 것이다. 그리고 그런 정보들은 질병의 예방차원에서 사람들에게 적합한 다이어트 방법이나 운동습관 등을 조언해 주고 계획해 주는데 일조를 할 것이다.

인간의 유전자형들 사이의 변이에 대한 연구로부터 파생된 또 다른 신생분야가 '대사체학(metabolomics)'이다. 이것은 세포대사의 변화로 인해 글루코스, 콜레스테롤, ATP, 신호전달물질 등과 같은 세포대사산물의 생화학 활성이 변화되는 것을 포착하여 분석하는 것으로써 수집된 정보는 직접적인 생리상태지표가 될 수 있으며 병에 걸려있는 환자에게 투약되는 약물효과를 계속적으로 확인할 수가 있다. 인간의 대사산물의 정확한 숫자는 알려져 있지 않지만 대략 2,000~10,000가지 정도가 공식적으로 확인되고 있다. 대사체학을 통해 병의 진행과정과 생리적 관점에서 병에 대한 적응과정을 구별할 수 있으며 이런 연구결과들이 신약개발의 초기단계에 활용된다면 전체적으로는 돈과 시간을 절약할 수가 있다. 예를 들면 어떤 한 제약회사에서는 최근에 몇 가지 실험 군으로 나뉜 생쥐들에게 콜레스테롤을 높이는 먹이를 준 후 여러 주를 걸쳐 주기적으로 혈장, 지방조직, 간으로부터 지질성분을 분석하는 연구를 수행하였고 이들 연구결과로부터 500가지 이상의 특이한 지질들을 발견하였다. 한편 한 무리의 실험쥐들은 동맥경화 발병률이 매우 높은 것으로 나타나는 등 동맥경화가 일어날 수 있는 다양한 생리상태에서 일어나는 차등적인 생체반응을 측정할 수 있는 좋은 연구실례가 되었다.

약물유전체학에 의한 맞춤형 약물치료법 개발과 함께 유전병을 퇴치할 수 있는 또 다른 획기적 방법중의 하나가 '유전자치료(gene therapy)'이다. 이 기술의 핵심은 어떤 한 유전형질을 통제하는 유전자가 결함이 생겼을 때 이를 정상 유전자로 대치하여 상실된 기능을 회복시켜 주는 것이다. 이를 위해 과학자들은 바이러스 등을 이용하여 정상 유전자를 인간 세포 속으로 운반시킬 수 있는 다양한 방법들을 연구하고 있다. 이 기술은 실제로 파킨슨병과 같은 신경계 관련 질병과 혈액(순환계) 장애를 치료하는데 이용되고 있다. 그러나 유전자치

그림 7.10 인간 유전체의 비밀

료가 효율적이고 안전한 치료방법이 되기 위해서는 아직도 임상적인 측면에서 많은 문제들이 해결되어야 한다.

유전자치료의 실질적 한계점들 중에는 다음과 같은 것들이 있다. 과연 정상 유전자들이 어떻게 신체를 구성하는 모든 세포들에 빠짐없이 전달될 수 있을까? 그리고 인간세포의 핵 속에 여분의 유전자를 도입하였을 때 장기적 효과는 어떤 것이 있을까? 신체로 도입된 유전자가 만들어 내는 단백질이 정상적인 기능을 하고 있다는 것을 검증할 수 있는 방법이 어떤 것들이 있을까? 유전자치료는 1999년 유전자치료 문제로 소송과 재판이 있은 직후 사망한 제시 젤싱거(Jesse Gelsinger) 외 몇 명의 환자들에게서 합병증이 유발되어 이 기술에 대한 철저한 재평가와 조사가 진행되고 있다. 다른 새로운 기술로는 siRNA(small interfering RNA)를 이용하여 결함유전자의 발현 및 기능을 침묵(억제)시킴으로써 유전적 결함 자체를 회복시키는 기술이 있는데 이 내용은 여러분 스스로가 한번 살펴보기 바란다.

미래에는 줄기세포기술이 병을 치료하는 강력한 도구로 사용될 것이다. 앞에서 간단히 알아본 것처럼 줄기세포는 피부, 근육, 간, 신장, 혈구세포 등의 다양한 형태의 세포들을 만들어낼 수 있는 발생학적 운명이 결정되지 않은 미성숙 세포이다. 대부분의 줄기세포는 인간배아로부터 얻는데 이를 '배아줄기세포(embryonic stem cells; ES cells)'라 부르며 어떤 줄

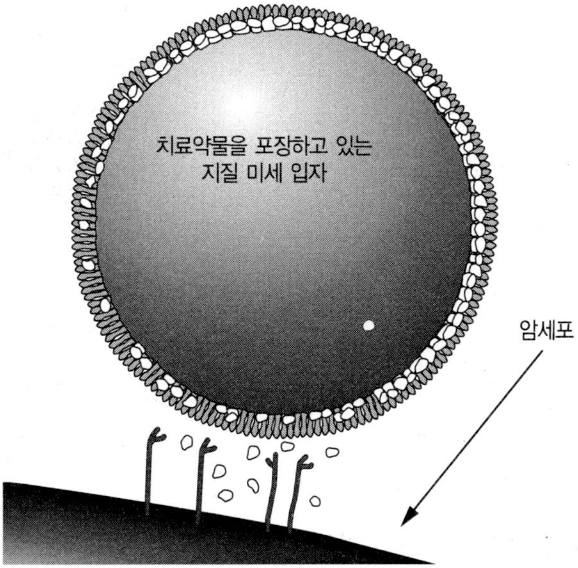

그림 7.11 실용화 단계의 나노바이오테크놀러지

기세포는 신생아의 척수에 존재하는 혈액으로부터 얻을 수 있다. 최근에는 과학자들이 성인의 생체조직으로부터 '성체 줄기세포(adult-derived stem cells: ASCs)'를 분리해 내는데 성공하였다.

처리방법에 따라 줄기세포는 거의 모든 형태의 생체조직으로 유도, 형성될 수 있다. 상처가 나서 재생이 되지 않거나 완전히 분화되지 않은 간, 췌장, 망막 등의 신체 여러 기관들을 이와 같이 실험실에서 배양되고 있는 피부세포, 혈구세포, 신경의 뉴런등과 같은 생체조직들과 기관들로 대체한다는 것을 상상해 보아라. '재생의학(regenerative medicine)'이란 바로 이러한 의료기술을 언급하는 것이며 미래에는 과학자들은 유전적 장애를 가지고 있는 환자들로부터 채취된 줄기세포를 유전자치료기술을 적용하여 그것들을 원래 세포를 제공한 환자에게 다시 삽입시킴으로써 유전병을 치유할 수 있을지 모른다. 이와 같은 일은 이미 가능한 것이 되고 있어 21세기 생명공학의 시대에서는 이러한 기술들이 최대한도로 실용화될 수 있을 것이다.

지금까지 보여준 여러 실례들을 통해서 의학생명공학의 발달에 있어서 미래는 매우 밝을 것이라 추측된다. 비록 약물유전체학, 유전자치료, 줄기세포기술들이 의학에서 풀어야 할 다양한 유전적 문제들을 모두 해결해 줄 수 있는 해답들은 아니지만 유전공학에 있어서 끊임없이 진행되고 있는 진보는 불가능해 보이던 문제들에 대한 해결책을 가까운 미래에서는 찾을 수 있다는 희망을 안겨주고 있다. 지금까지 우리는 현재 생명공학의 시대에 우리가 경험해 가고 있는 생명공학기술의 의학적 응용들에 있어서 몇 가지 대표적인 실례들을 알아 보았다. 마지막으로 이어지는 부분에서는 산업체에서 생명공학에 관한 직업(경력) 종류들에 대해서 간단히 알아보기로 하자.

7-4. 생명공학을 이끄는 전문인력

인간유전체계획으로 달성한 연구성과들은 생명공학관련 회사들과 이 분야의 직업을 갖기를 원하는 사람들에게 새로운 기회를 제공할 수 있게 되었다. 하지만 해결해야 할 커다란 과제 중에 하나는 방대한 유전정보의 비밀을 풀고 그 의미들이 유전자, 건강, 질병과 가지고 있는 복잡한 상관관계들을 해석해 낼 수 있는 전문인력을 양성하는 것일 것이다.

생명공학 연구자들은 DNA 염기서열, 유전자칩과 단일염기다형성, DNA 및 단백질의 구조 분석을 위한 컴퓨터 모델링 그리고 분자구조를 연구하기 위한 물리화학 등으로부터 얻은 수 많은 데이터를 능숙하게 분석할 수 있어야 한다. 생명공학회사들은 복잡한 데이터를 익숙하게 분석할 수 있고 팀 차원에서 자신의 전문적 지식을 다른 사람들과 공유하며 문제해결을 해 나갈 수 있는 그런 인재를 찾고 있다. 생명공학을 이끄는 주요 구성인력들은 다양한 과학기술분야의 전문가들에 대해서 종합적으로 구성되어 있다.

■ 생명공학사업

1976년 제넨텍(Genentech)이라는 최초의 생명공학회사가 미국 캘리포니아 샌프란시스코 근방에 설립되었고 그 성공사례는 생명공학산업의 본격적인 시작을 알렸다. 오늘날 생명공학은 수 백 가지의 생산품을 판매하여 전 세계적으로 총 630억 달러이상의 수익을 벌어들이는 세계적인 산업이다. 특히, 많은 생명공학회사들이 암 치료법 개발에 집중투자를 하고 있는데 미국 내에서만도 암은 심장병 다음으로 주요 사망원인이며 미국인의 거의 40%가 평생 암 진단을 받고 있기 때문에 장기적인 측면으로도 안정되고 높은 수익을 낼 수 있는 사업이기 때문이다. 그 외 미국에서 생산되는 350개 이상의 생명공학 생산품들은 당뇨병, 심장병, 알츠하이머와 파킨슨병, 관절염, 에이즈 등과 같은 병들에 대한 진단 및 치료관련 제품들로 구성되어 있다.

연구개발 역사가 적은 국가들 조차도 첨단기술혁신을 위해 생명공학사업육성에 힘을 다하고 있다. 북미와 유럽이 생명공학회사들의 대략 85%를 차지하고 있지만 전세계적으로는 54개 국가들에 4,900개 이상의 회사들이 설립되어있다. 그러나 세계적으로 유명한 생명공학회사들이 주로 미국에 위치해 있으며, 최근에 미국에는 대략 1,500개 정도의 생명공학회사들이 연구개발을 위해 대학들과 밀접하게 연계되어 있

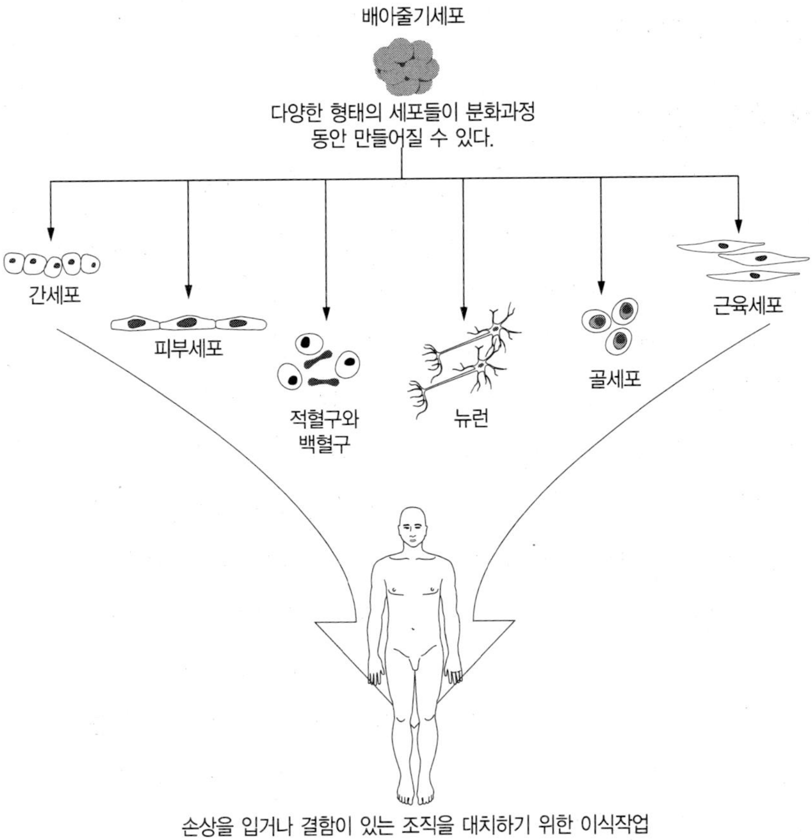

그림 7.12 배아줄기세포는 여러 형태의 분화된 세포들로 전환될 수 있다

거나 생명공학기술 개발의 원천인 기초과학을 집중적으로 연구하는 대학들 근처에 위치해 있다. 미국의 각 주에 있는 생명공학센터에 대한 정보를 얻기 위해서는 생명공학산업연합체의 웹사이트를 참조하기 바란다. 이 센터들의 웹사이트에는 각 주의 생명공학관련 직업정보가 잘 정리 되어있고 각 회

사에 대한 소개와 최근 생산품의 정보까지도 얻을 수 있다.

■ 생명공학회사의 조직 및 연합

이 시점에서 아마도 "생명공학회사와 제약회사가 무엇이 다른가?"라는 질문을 던질 것이다. 대부분의 사람들은 가족이나 자신이 머크(Merk), 존슨&존슨(Johnson & Johnson) 또는 화이자(Pfizer) 같은 제약회사들은 그들의 생산제품을 오래 전부터 많이 사용해 왔기 때문에 쉽게 회사 이름을 떠올리게 된다. 그러나 생명공학회사의 경우는 아직도 대중에게 그리 친숙하게 다가와 있지 못하며(표 7.3) 생명공학회사와 제약회사의 다른 점 역시 잘 알려져 있지 않다. 규모가 큰 제약회사들은 일반적으로 '대형 제약회사'라 불리는데 이 회사들은 약의

그림 7.13 생명공학회사는 다양한 전공 분야와 경험을 가지고 있는 연구원들에게 최적의 기회를 제공하고 있다

표 7.3 상위 다섯 생명공학회사와 제약회사의 연구개발 예산

생명공학회사	예산 ($ Millions)
Amgen	$12,022
Genentech	$6,633
Genzyme	$2,597
Biogen Idec	$2,377
Chiron	$1,921
제약회사	
Pfizer	$51,298
Johnson& Johnson	$50,656
Merck & Co.	$22,000
Bristol- Myers Squibb	$19,207
Eli Lilly & Co.	$14,645

출처: Ernst & Young, Beyond Borders: Global Biotechnology Report 2006

재료가 되는 화합물을 정제하거나 두통약, 제산제, 감기약 등과 같은 생산품을 화학적으로 합성함으로써 주로 신약개발에 관여하고 있다. 생명공학회사와는 반대로 제약회사들은 재조합단백질과 같은 상품을 생산하기 위해 살아있는 생물체를 이용하지는 않는다. 그러나 오늘날에는 많은 대형제약회사들도 생명공학과 관련된 연구 및 제품개발에 직접적으로 아니면 생명공학회사들과 연합하여 참여하기 때문에 이와 같은 차이가 실제로 애매모호하게 되었다.

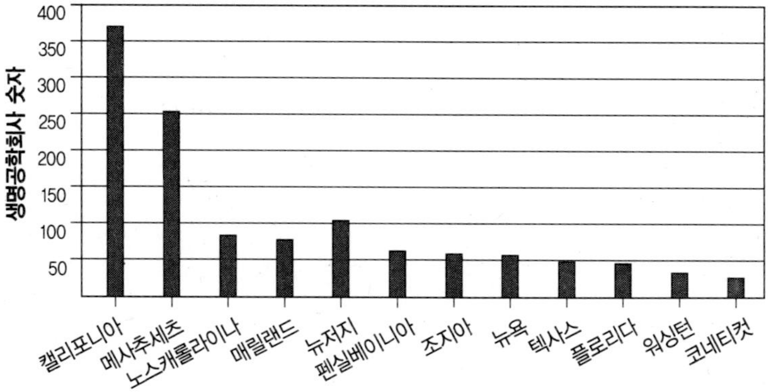

그림 7.14 미국 생명공학회사의 분포

생명공학회사는 인력규모에 있어서도 직원수가 50명 미만인 작은 회사부터 시작해서 300명 이상의 직원을 둔 큰 회사까지 다양하다. 역사적으로 볼 때 대부분의 생명공학회사들은 처음에는 의학치료용 재조합단백질 같은 고부가가치 생산품을 만들어 낼 목적으로 몇 명의 창립연구자들로 이루어진 소규모 '신생기업(start-up company)'에서 시작된다. 그리고 나서 제품생산을 위해 필요한 연속적인 연구개발지원과 실험장비구입 등을 위한 자금지원을 할 수 있는 투자자를 찾아야만 한다. 만약 그들이 생산품을 시장에 판매할 단계까지 성공하게 된다면 많은 경우 신생기업들은 이미 자리를 잡고 있는 거대기업들에 합병된다. 제약회사와 생명공학회사의 조직화된 체계구성에는 많은 유사성이 있는데 이러한 조직화의 여러 가지 양상을 아래의 미국의 예를 들어 좀 더 자세히 알아보도록 하자.

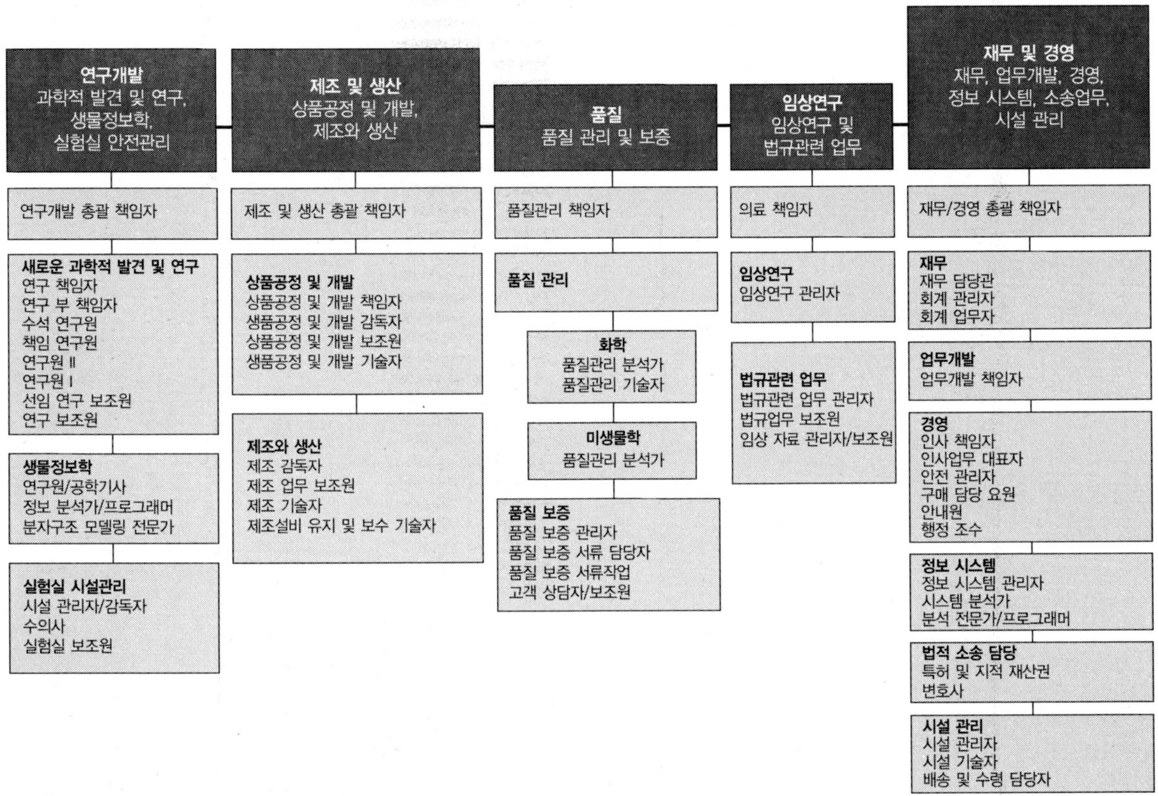

그림 7.15 중형 생명공학회사의 조직도

■ 생명공학분야에서 직종

미국에서는 약 20만 명 이상의 사람들이 생명공학기업에서 일하고 있다. 생명공학사업을 위해서는 기초연구개발, 컴퓨터 프로그래머, 실험실 관리자, 판매 및 유통 등에 관련하여 수많은 종류의 업무가 종합적으로 이루어져야 하며 이 모든 것들이 생명공학산업에는 필수적인 것들이다. 세세한 직종까지를 모두 언급하는 것은 지면상 한계가 있는 관계로 여기서는 생명공학에서 가용한 대표적 직무들을 중심으로 알아보기로 한다.

| 연구개발 |

생명공학에서 신제품개발은 장기간의 시간과 돈을 요구하는 과정이다. 생명공학의 '연구개발(research and development; R&D)'에 참여하는 개개인들은 모두 직접적으로 아이디어 개발뿐만 아니라(예를 들면, 어떤 질병을 치료하기 위해 최근에 클로닝된 유전자로부터 생산된 재조합단백질을 사용하는 것 등등) 실제로 그것을 상품화할 수 있는지를 결정짓는 검증실험을 계획하고 실행하는데 참여한다. 그러나 이 과정은 엄청난 시행착오를 요구한다. 규모가 가장 큰 회사부터 가장 작은 회사까지 모든 생명공학회사들은 연구개발을 주 임무로 하는 연구원들을 채용하고 있다. 평균적으로 생명공학회사들은 다른 첨단기술 산업체들보다도 최소 4배가 많은 자금을 연구개발에 투자한다. 어떤 회사들에서는 연구개발에 책정된 예산이 운영

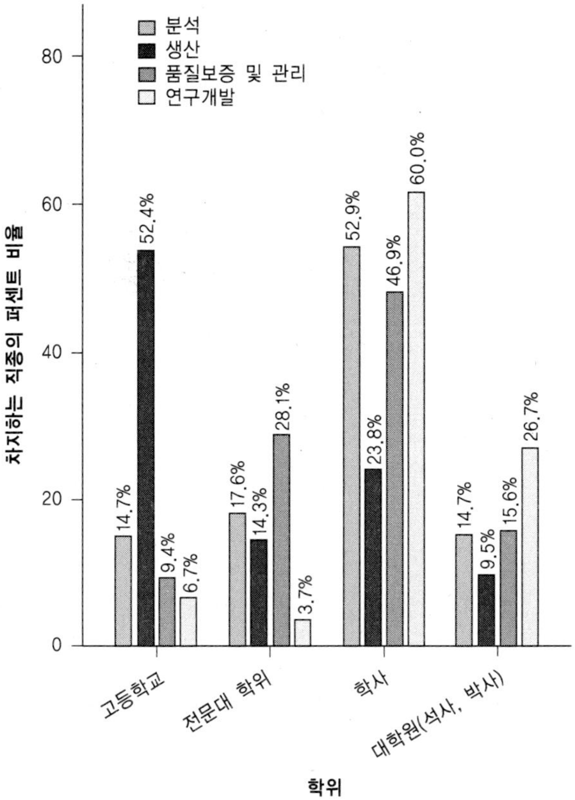

그림 7.16 초임급 기술자에게 요구되는 최소 교육 수준

예산의 50%에 가깝다. 그러므로, 연구개발은 대부분 생명공학회사들의 흥망을 결정짓는 핵심요소가 되는 것이다.

연구개발팀에 채용되기 위해서는 대부분은 화학, 생물학 또는 생화학에서 학사 이상의 학위를 가지고 있어야 한다. 한편 '실험 기술자(lab technician)'가 되기 위해서는 생물학이나 화학 아니면 다른 과학전공에서 석사학위를 가지고 있어야 하는데 주 임무는 연구원들이 사용한 도구를 깨끗이 정리 유지하고 실험 자재들이 부족하지 않도록 준비해주는 것이다. 또 다른 유형의 직업이 '연구조수(research assistants/associates)'인데 생물학이나 화학에서 학사나 석사학위를 가지고 있어야 하며 노련하고 경험이 풍부한 선임 또는 책임연구원들의 직접적 감독하에 실험을 수행하므로 이들을 '실험실 연구원(bench scientists)'이라 부른다. 그들은 다른 연구원들과의 공조하에 연구를 수행하며 실험을 계획 및 실행하고 결과를 해석하는 작업에 역시 관여하며 논문이나 보고서를 준비하고 실험방법 지침서와 실험 데이터를 정리 요약하는 일들도 한다.

좀 더 높은 지위인 '선임/책임연구원(principal/senior Scientists)'은 다른 하급연구원들을 지도하기 위해서 연구와 운영기술에 있어서 상당한 실제 경험을 가진 박사학위 소지자들이며 실제로 회사에서 연구를 책임지는 연구책임들이다. 주요임무들은 회사가 우선적으로 요구하는 연구들을 계획하고 수행하는 것이고 한편으로는 (학술)회의에서 회사의 연구개발에 대한 대변인 역할도 하며 특허신청을 담당하기도 하고 연구진행에 대한 보고서 작성 및 연구비지원 그리고 회사의 최고 경영진들에게 조언자의 역할을 하기도 한다. 지금까지 기술된 직무들은 회사마다 다를 수 있다. 그러나 만약 새로운 과학적 발견에 관심이 있다면 연구개발에 참여하는 것이 아마도 가장 적절한 선택일 것이다.

급속도로 발전하고 있는 '생물정보학(Bioinformatics)'은 DNA와 단백질에 관한 실험 자료를 분석하기 위해 컴퓨터를 이용하는 것으로써 컴퓨터 프로그래밍, 통계학, 생물학의 기초지식을 필요로 한다. 최근까지는 생물정보학 전문가들은 분자생물학을 스스로 공부한 컴퓨터 과학자이거나 컴퓨터과학, 데이터분석, 수학을 스스로 공부한 분자생물학자들이었다. 그러나 지금은 처음부터 컴퓨터과학 전공 학생들이 생명공학과목도 함께 수강을 하고 생물공학전공 학생들이 컴퓨터과학강좌를 듣는다. 더욱이 생물정보학을 특별강좌 프로그램으로 만들어 주요 종합대학교나 기술대학 등에서는 학생들을 훈련시켜 전문적인 '생물정보학자(bioinformaticists)'를 양성하기 시작했다.

많은 사람들이 인간유전체계획으로부터 얻은 엄청난 데이터를 분석하기 위해서는 생명공학과 정보기술공학이 접목되어야 한다고 생각하고 있다. 생물정보학자들은 DNA 염기서열이나 단백질의 아미노산서열에 대한 정보를 분석 및 정리하여 그 결과를 대중과 공유할 수 있도록 해주는 역할을 한다. 인간유전체는 30억 개 이상의 염기쌍을 포함하고 있으며 다른 생물 종들로부터 수 천 개 염기들로 구성된 다량의 염기서열 데이터가 매일 전세계적으로 데이터베이스에 업데이트되고 있다. 그리고 이와 같은 방대한 양의 정보를 분석하기 위해서는 정교한 컴퓨터 프로그램이 필요하다. 한편, 생물정보학자들은 단일염기다형성과 (환자에게서)병증의 진행상태를 구별인식하기 위해 신경망모형과 의사결정흐름도 같은 컴퓨터 모델링기법들을 사용한다. 만약 생물학적 지식과 컴퓨터 과학기법을 접목한 분야에 관심 있다면 생물정보학이 또 다른 좋은 직무의 선택이 될 것이다.

| 시설운용, 제조 및 생산 |

시설운용, 제조 및 생산은 생명공학회사를 구성하고 있는 또 다른 분리된 요소로써 생산품을 만들어 내는데 관여되는 실험과정이나 장비조작 등과 같이 제품개발을 위해 특수하게 고려되는 세부적인 것들은 다루지 않는다. 여기에는 종종 생산품으로 팔리는 약리물질이나 재조합단백질을 만들어내는 배양세포를 대규모로 키우는 '스케일-업(scale-up)'과정이 포함된다. 이것은 단순한 일이 아닌데 가장 좋은 비유로 스케일-업 작업은 혼자만 먹을 음식을 요리하는 것과 50명의 사람들을 위한 저녁만찬을 준비하는 것의 차이를 생각하면 될 것이다. 바이오 제조와 생산 팀들은 생산과정 동안 사용되는 대규모/대용량 기구 및 설비를 유지하고 관리하는 한편 회사가 적합한 생산절차를 따르고 있고 생산품에 대한 기록들을 적절히 유지하고 있는지를 확인한다. 바이오 제조 작업의 세부적인 것들은 회사가 생산하고 있는 특별한 생산품에 따라 다르다. 초급의 직무는 창고직원, 제조 보조 및 감독이 있다. 관리직무에 채용되기 위해서는 보통 생물학이나 화학에서 학사나 석사학위를 소지하고 있어야 하며 2~3년 정도의 입사하려 하는 회사의 생산제품이나 아니면 다른 회사의 생산품들을 제조 및 생산해 본 경험이 필요하다. 제조 및 생산은 또한 화학, 전자, 환경 또는 산업공학 분야에서 훈련을 받은 공학자들을 필요로 한다. 공학 관련 직무는 보통 생물학에서 석사, 공학에서는 학사학위를 요구한다.

| 품질보증 및 관리 |

대부분의 생명공학 생산품들은 식품의약국(FDA), 환경보호국(EPA), 농무성(USDA)과 같은 연방관리국들에 의해 엄격히 통제되고 있다. 그들은 생산 및 제조과정이 정확히 감독관리원들에 의해 승인된 방법을 따르고 있는지를 평가한다. 이전에 설명한 것처럼 품질보증의 주목적은 모든 생산품에 대하여 최종품질을 보증하는 것이다. 품질관리는 생산품들이 연방관리국들에 의해 요구되는 규정을 철저히 준수하여 만들어졌는지를 최종적으로 확인하는 작업이다. 뿐만 아니라 품질보증 및 관리 담당자들은 장비와 시설 그리고 직원들의 감독과 서류작업의 검토, 시제품의 검사, 고객문의 및 불만을 처리하는 등의 다양한 업무를 맡고 있다. 품질보증 및 관리분야의 초임급은 품질검사원, 서류정리원, 품질관리 감독자가 있으며 보통 생물학에서 최소한 학사학위를 가지고 있어야 하며 실무급이나 감독직급은 학사 이상의 학위를 요구한다.

| 임상실험연구와 안전관리 |

미국에서 신약개발이란 지원자들을 대상으로 한 임상테스트를 통해 최종적으로 식품안전국(FDA)의 승인을 받아야만 하는 시간과 돈이 많이 요구되는 과정이다. 생명공학에서 임상테스트를 요구하지 않는 다른 분야들과 함께 임상테스트 과정은 여러 관리기관들의 통제를 받고 있다. 결과적으로 모든 생명공학회사에는 생산품의 출시과정뿐만 아니라 이와 관계된 모든 과정들이 적합한 규정을 모두 따르고 있는지를 확인하고 감독하는 직원들이 있다.

| 마케팅, 판매, 법률 담당 |

의료기구부터 신약에 이르기까지 다양한 생명공학 생산품을 마케팅하고 판매하는 일은 역시 생명공학사업에서 없어서는 안 되는 부분이다. 생명공학 마케팅 및 판매부서에 고용된 대부분의 사람들은 과학분야에서 학사학위를 가지고 있고 마케팅에서 학사를 동시에 가지고 있거나 사업 및 경영 관련 과목들을 이수한 경험이 있으면서 생명공학과 관련된 과학적 지식을 갖추고 있어야 한다. 소위 '판매사원(sales representatives)'은 회사 생산품을 판촉 하기 위해 의사, 병원, 의료기관들을 대상으로 하며 '마케팅 전문가(marketing specialists)'는 회사 상품에 대한 고객의 요구도를 창출하고 증가시키기 위해 판촉물과 광고선전 등을 고안해 낸다. 판매사원과 마케팅 전문가는 종종 무역박람회에 참석하기도 한다.

이들은 과학에 대한 지식이나 상식이 풍부해야 하는데 고객들의 생산품에 대한 질문에 만족할 만한 답을 줄 수 있는 능력이 마케팅과 판매의 성패를 가르는 중요한 요소이기 때문이다. 생명공학회사에서 '법률전문가(고문)(legal specialists)'는 신제품 개발과 마케팅에 관련한 법적 문제들을 처리하며 문제가 있는 제품에 대한 소비자의 법적 소송과 같은 문제들도 역시 다루고 있다.

■ 생명공학분야에서 임금

생명공학산업체에서 일하는 사람들은 질병을 치료하고 식품의 생산공정을 개선하고 환경정화를 하기 위해 획기적인 과학적 발견을 하거나 그와 관련된 제품생산에 관여하게 된다. 인간 삶의 질을 높이기 위해 생물체를 이용하는 과정이 벌써 오래 전부터 있어왔다 할지라도 체계적인 생명공학산업은 대략 25년의 짧은 역사를 가지고 있다. 점진적으로 규모가 커가는 생명공학에서는 능력에 따라 급료와 혜택들이 달라지며 대부분의 직원들은 그들의 직무에 매우 만족해 하고 있다.

상품판매부분에서 일하는 생명공학기업의 직원들의 임금은 일반적으로 대학교 같은 비영리 학문중심기관에서 일하는 연구원들보다 훨씬 더 높다. 생명공학기업체에서 일하는 연구원들의 임금은 과학을 직업으로 삼는 사람들 중에서는 매우 높은 편에 속한다. 2000년 캘리포니아 주에서만 생명공학기업체에서 일하는 직원들의 임금으로 130억 달러가 지불되었고 동일한 해에 세계에서 가장 유명한 다섯 생명공학회사들에서는 채용된 직원 한 명 당 평균 89,400 달러가 지불되었다.

AON 컨설팅회사의 Radford 지부가 400 여개의 생명공학회사들을 대상으로 벌인 설문조사에 따르면 연구경험이 없는 생물학, 화학, 분자생물학 박사학위 소지자들은 평균 연봉이 55,700 달러였고 선임급 연구원들은 120,000 달러를 넘는 연봉을 받았다. 동일 분야에서 석사 소지자들은 평균 연봉이 40,600 달러이고 학사 소지자들은 32,500 달러였다. 여기 소개된 월급액수를 산출하기 위해 사용된 설문조사의 최신정보를 얻기 위해서는 웹사이트에서 Radford 생명공학회사의 임금지급보고서, 과학 및 공학분야 직업위원회, 미국인사관리소를 검색해보기 바란다.

국가 전체를 상대로 한 설문조사에 따르면 생명공학 훈련프로그램에 참여하는 대학생들의 56%는 거의 아니면 전혀 이전에 과학적 지식이나 경험을 해 본 적이 없는 것으로 보고되고 있다. 그러므로 생물학이나 화학을 전공하지 않았지만 회사에서 요구하는 생물학분야의 지식과 숙련된 실험기술을 가지고 있다면 여러 다양한 분야에서 좋은 일자리를 찾을 수 있으나 최근에는 많은 회사들이 대학교 이상을 졸업한 실제 전공자들을 선호하여 채용하고 있는 추세이다.

■ 생명공학산업체의 채용추세

생명공학분야에 대한 직업전망은 매우 밝다. 생명공학기업체는 1992년 이후 규모가 3배나 증가했고 세계적으로 생명공학회사들의 예산은 1992년 대략 80억 달러에서 2001년에는 거의 280억 달러로 증가했다. 이와 같은 발전의 결과, 1995년에서 1999년까지 4년 동안 미국 생명공학기업체는 48.5%까지 채용인력을 늘였고 이러한 증가추세는 앞으로도 계속될 것이다. 많은 생명공학회사들은 숙련된 실험기술자 수준의 직무역량을 갖춘 사람을 채용할 때 학위증만을 가지고 채용하는 형식적인 인사관리 방법을 버리고 실제로 필요로 하는 직무에 맞는 특화된 훈련 경험이 많은 사람들을 채용하는 것이 훨씬 더 효과적이고 생산적이라는 것을 알게 되었다. 최근에는 생물정보학, 단백질체, 유전체 연구에서 채용공고가 급속히 늘어나고 있으며 특히, 신약개발이 구직시장에서 인기 있는 분야가 되고 있다.

규모가 큰 생명공학회사들은 위치에 상관없이 급속도로 성장하고 있으며 거의 모든 직종을 필요로 하고 있는데 특별히 서로 다른 팀들 사이의 상호 협조관계를 형성하고 유지할 수 있는 능력을 채용심사의 주요 기준으로 삼고 있다. 실제로 타 부서나 회사와 공조관계를 맺는 것이 신약개발사업에서는 일반적 경향이 되었고 그러한 관계들을 만들 수 있는 개인적 능력이 높이 평가되고 있다.

그 외 또 다른 주요경향은 회사들이 다방면의 기술분야에서 능통한 사람을 필요로 한다는 것이다. 예를 들면, 생물학에서 학위를 가지고 있고 정보공학을 부전공으로 하고 수학과목을 이수한 사람이 구직시장에서 직업을 얻을 확률이 매우 커진다는 것이다. 과학분야에서 체계적인 경험과 논리적인 화술과 작문능력 그리고 하나의 팀 구성원으로서 협력관계 속에서 조화롭게 일할 수 있는 사람들이 훨씬 더 필요한 추세가 되고 있다.

참고도서

-바이오비즈니스/한상기/2001/현암사

-바이오사이언스의 이해/이기형 외/2017년/바이오스펙데이터

-생명과학 강의노트/이우성/2015/(주)바이오사이언스출판

-생명공학(2판)/오계현 외/2005년/월드사이언스

-생명공학으로의 초대/김희발 외/2006년/라이프사이언스

-생명의 원리(2판)/이진성 외/2016년/라이프사이언스

-생활 속의 생명과학/김재근 외/2016년/(주)바이오사이언스출판

-스무살 나의 비전/이의용/2015년/학지사

-스미스 생명공학(5판)/오계현 외/2010년/월드사이언스

-식탁위의 생명공학/농업생명공학기술 바로알기 협의회/2002/바른길

-직업 적성과 직무 신장/김용성/2013/생능출판사

-나의 적성과 직업 찾기 길라잡이/서정화 외/2011/학이시습

-최신 생명공학의 이해/이진성 외/2012년/(주)바이오사이언스출판

-핵심 생명과학/김응빈 외/2013년/(주)바이오사이언스출판

찾아보기

국문색인

ㄱ

간기 42
갑상선 호르몬 43
겔 31
겔 전기 영동법 31
겸상적혈구빈혈증 116
고세균 36
골지체 42
공룡 54
공통조상 21
과민증 51
관리생명공학 117
구조생물정보학 45
글루카곤 19
기생충 36

ㄴ

남포성섬유증 116
낭배기 23
내배엽 23
넉 아웃 109
녹아웃 90
뉴클레오타이드 35

ㄷ

다윈 15
단백질 26, 56
단백질 구조 예측 45
단백질 구조 정렬 45
단백질 발현 클로닝 28
단백질체 121
단일염기다형성 123
대립형질 특이 올리고뉴클레오타이드 35
대사체학 127
돌리 109
돌연변이 35
동물 생명공학 108

ㄹ

라마르크 14
루이 파스퇴르 52
리보솜 20, 42
리소솜 43
리포좀 주입법 28
린네 14

ㅁ

멘델 15, 48
면역 결핍증 51
면역학 51
물질대사 18
미생물 생명공학 106
미생물학 36
미세소관 43
미세주입법 28
미토콘드리아 21, 43

ㅂ

바이러스 30, 36
바이오인포매틱스 45
박테리아 120
박토펙션 30
발생 23
발효 93
발효조 104
방사성 동위원소 32
방추사 42
배 23
배아줄기세포 130
백악기 54
번역 26
법의학 생명공학 110
변태 24
병리학 36
복사 26
복제동물 109
분자농업 108
분자생물학 25
불완전변태 24

ㅅ

삼엽충 54
상염색체 98
상호 교배법 94
생명공학 49, 61, 89, 91
생물(명)의학 51
생물분류학 39
생물정보학 101, 142
생물환경정화 112
생물환경학 39
생태학 12, 40
생화학 12, 25, 55
서던 블롯팅 32
서열정렬 45
선충 120
선택적 교배법 93
섬모 42
성상체 42
성염색체 98
성체줄기세포 131
성충 24
세균 36
세포골격 43
세포대량배양법 96
세포배양 103
세포생물학 12, 41

세포융합기술 56
세포질 43
세포학 41
세포핵 42
세포핵치환법 109
세포 호흡 18
소낭 43
소포체 41
소화강 23
수산생명공학 113
수생물배양 113
수정란 23
슈반 14
슐라이덴 14
스케일-업 143
시스템 생물학 45
식품안전국 145
신경과학 36
신경관 23
신경생물학 36
실험 기술자 140
실험실 연구원 141

ㅇ

아난다 차크로바티 112
아데노신 삼인산 43
아리스토텔레스 13
안톤 판 레벤후크 13
약리학 36
약물유전체학 125
에드워드 제너 51
역전사 효소 26
연구개발 139
연구조수 141
염색분체 42
염색사 42
염색체 19
엽록소 21
예방접종법 52
완전변태 24
외배엽 23
우두 52
원생생물 36
유전공학 56
유전자 19, 48, 56
유전자 검색 45
유전자 결여 32
유전자변형생물 60
유전자이식동물 108
유전자 조합 45
유전자치료 104, 116, 128
유전자 칩 124
유전자 클로닝 96
유전체 97
유전체학 49
유전학 48
유충 24
음성 피드백 18
의학생명공학 115
이식 거부 51

인간단백질체계획 99
인간유전체계획 27, 97, 119, 142
인슐린 19

ㅈ

자가면역 질환 51
재생의학 131
재조합 DNA 기술 56, 96
재조합 단백질 103
전기천공법 28
전령 RNA 42, 49
전사 26
전산생물학 47
접합 28
제넨텍 133
제한효소 58
조면소포체 41
줄기세포 116
중배엽 23
중심소체 42
중심이론 26
중합효소 연쇄반응 30
지질 56
진균류 36
진화 21, 38
진화모델 45
진화생물학 36, 38
진화학 38
집단유전학 16

ㅊ

천연두 52
체절 23
초파리 120
침팬지 120

ㅋ

코돈 20

ㅌ

탄수화물 56
탐침 32
테이삭스병 116
트랜스펙션 28

ㅍ

페니실린 96
편모 42
품질관리 117
품질보증 117
품질보증 및 관리 144
프란시스 크릭 46
프로모터 28
플라스미드 28

ㅎ

항생제 95
항생제 내성 유전자 28
항원-항체 34
항원-항체 반응 34

항체 108
핵산 56
핵소체 42
핵치환기술 56
형질전환 28
형질전환유전 32
형질주입 28
혼성화 35
화학발광제 32
화학요법 127
화학진화 39
활면소포체 41
황금못 54
효모균 93
후천성 면역결핍증 52
히스톤 20, 42

번호

2차원 전기영동 31

영문색인

A

ATP 17

C

cDNA 34

D

DNA 17
DNA 미세배열 34
DNA 연결효소 58
DNA 핑거프린팅 111

H

HapMap 124

M

MRC 47

N

NCBI 47

P

PCR 30

R

RNA 26

S

SDS-PAGE 31
siRNA 130

T

TCA 56